● 作って覚える

SOLIDWORKS
の一番わかりやすい本

改訂2版

SOLIDWORKS 2021/2020 対応

[BEGINNER'S GUIDE TO 3D MODELING IN SOLIDWORKS]

田中 正史 著 | MASAFUMI TANAKA

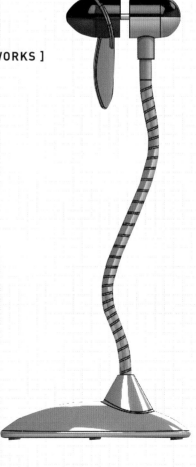

技術評論社

本書は2018年発行の「作って覚える　SOLIDWORKSの一番わかりやすい本」をSOLIDWORKS 2021/2020向けに大幅に増補・改訂したものです。

ご注意：ご購入・ご利用の前に必ずお読みください

　本書に記載された内容は、情報の提供のみを目的としています。したがって、本書を参考にした運用は、必ずご自身の責任と判断において行ってください。本書の運用の結果につきましては、弊社および著者はいかなる責任も負いません。

　本書に記載されている情報は、特に断りが無い限り、2021年6月時点での情報に基づいています。ご利用時には変更されている場合がありますので、ご注意ください。

　本書は、著作権法上の保護を受けています。本書の一部あるいは全部について、いかなる方法においても無断で複写、複製することは禁じられています。

　本書で掲載している操作画面は、特に断りが無い場合は、Windows 10上でSOLIDWORKS 2021を使用した場合のものです。

　以上の注意事項をご承諾いただいた上で、本書をご利用願います。これらの注意事項をお読みいただかずにお問い合わせいただいても、技術評論社および著者は対処しかねます。あらかじめご承知おきください。

- 3DEXPERIENCE、Compassアイコン、3DSロゴ、CATIA、BIOVIA、GEOVIA、SOLIDWORKS、3DVIA、ENOVIA、EXALEAD、NETVIBES、MEDIDATA、CENTRIC PLM、3DEXCITE、SIMULIA、DELMIAおよびIFWEは、アメリカ合衆国、またはその他の国における、ダッソー・システムズ（ヴェルサイユ商業登記所に登記番号 B 322 306 440 で登録された、フランスにおける欧州会社）またはその子会社の登録商標または商標です。

- その他、本書に掲載されている会社名、製品名などは、それぞれ各社の商標、登録商標、商品名です。なお、本文中に™マーク、®マークは明記しておりません。

はじめに

私がこの業界に携わって 20 年以上になりますが、当初はまだ 2 次元 CAD の導入が進められている中、運よく 3 次元 CAD に関わる機会を得られました。そのころ 3 次元 CAD の知識や技術もなくまた、3 次元 CAD 自体も今から思えばコマンド数も操作性もあまりよくなかったため、データの作成や修復に多くの時間がかかり、納期に間に合わせるため徹夜作業も行ったことを覚えています。

ここ数年よく耳にするのは、3 次元 CAD を導入したものの、うまく活用ができていないということです。3 次元 CAD の導入効果は、2 次元 CAD の比ではありません。折角導入したのに使われないその原因のひとつとして、習得の難しさがあると考えています。最新の CAD は、機能が追加されている分、以前よりさらに習得が難しくなっているのかもしれません。また 3 次元 CAD は、2 次元 CAD に比べて概念が大きく異なるため、その取扱いに苦慮しているという話もよく聞きます。

私はこれまでにいくつかの 3 次元 CAD で作業をしてきましたが、SOLIDWORKS はそんな中でも操作性が良く扱いやすいと感じています。CAD の訓練施設や企業で講習を行っている立場から、3 次元 CAD 導入時には、講習という形で学習したほうが問題点や不明点をその場で解決できるので理想的です。しかし、さまざまな理由で受講が難しい方がいると思います。そういった方やこれから導入する方、あるいは導入したもののつまずいている方に、私のこれまでの失敗や苦労した点などをお伝えすることで、少しでも解決の一助となればと思い、本書を執筆させていただきました。

本書は、SOLODWORKS の基礎を独学でも学べるように作成しました。画像と手順を並べることで操作を分かりやすくし、SOLIDWORKS のちょっとした癖、私が日ごろ講習で説明している内容やよくある質問を、Check や Point、Memo といった形で説明していますので、操作や機能の確認をしていただけると思います。

2018 年の 1 作目以降、SOLODWORKS のバージョンがアップされ、この度 2 作目を出版させていただくことになりましたが、基本的な操作は、大きく変わっていません。そこで、1 作目を購入いただいた方にも、新たに SOLIDWORKS の機能を知っていただけるよう作例を一新しました。

本書が、3 次元 CAD SOLIDWORKS の活用に結びつくことを願っております。

最後に株式会社技術評論社には、編集・出版にあたりご尽力をいただきました。また、同社渡邉健多氏には執筆の機会を与えて頂きこの場をお借りして感謝申し上げます。

2021 年 5 月　著者

サンプルファイルのダウンロード

本書で使用しているサンプルファイルは、小社 Web サイトの本書専用ページよりダウンロードできます。

1 Web ブラウザを起動し、下記の本書 Web サイトにアクセスします。

https://gihyo.jp/book/2021/978-4-297-12191-4

4 ダウンロードが完了したら、[フォルダーに表示] をクリックします。

2 Web サイトが表示されたら、[本書の サポートページ] をクリックします。

5 「ダウンロード」 フォルダーが開くので、ダウンロードした ZIP ファイルを右クリックして [すべて展開] をクリックします。

3 サンプルファイルのダウンロード用ページが表示されます。[サンプルファイル] をクリックします。

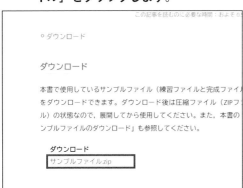

6 [参照] をクリックして展開先のフォルダーを選択し、[展開] をクリックすると、ZIP ファイルが展開されます。

ダウンロードファイルの内容

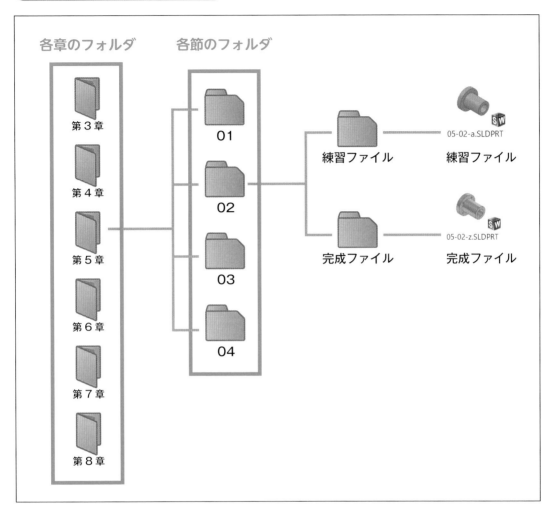

- ダウンロードした ZIP ファイルを展開すると、章ごとのフォルダが現れます。
- 章ごとのフォルダを開くと、「01」「02」…のように節ごとのフォルダに分かれています。
- 使用する練習ファイルは、本書中にファイル名を記載しています。
- 1、2章のサンプルファイルはありません。また、内容によっては、サンプルファイルが無い節もあります。
- バージョン間の互換性を保つため、サンプルファイルは、SOLIDWORKS 2020 で作成しています。SOLIDWORKS 2021 でサンプルファイルを開いた場合、保存するときにメッセージが表示されますが、そのまま保存してください。

Contents

第 1 章　3次元CADとSOLIDWORKSの基礎知識 … 15

第 2 章　SOLIDWORKSの初期設定と基本操作 … 23

第 **3** 章　**スケッチを作成する**

第 **4** 章　**フィーチャーを作成する**

第 **5** 章　　**パーツを作成する** …………………………………… 85

第 6 章　MOBILE FANのパーツを作成する ·········· 129

第 7 章　MOBILE FANのアセンブリを作成する … 227

Chapter 1

3 次元 CAD と SOLIDWORKS の基礎知識

SECTION 01
3次元CADの基礎知識

ここでは3次元CADについて説明するとともに、これまでの2次元データが3次元データになったことによるデータ活用範囲がどのように変化したかについて説明します。また、知っておきたい用語についてもまとめました。

▶ 3次元CADとは

3次元CADはコンピューター内で、実物と同様に立体的な形状を作成するCADシステムです。わたしたちが生活している世の中はすべて3次元形状でできています。3次元CADが登場する前、ものづくりの世界では平面にその立体形状を表現（投影）し、意思の伝達を行ってきました。そのため思い違いがあったり、計算に多大な時間を費やしたりしてきました。3次元CADが実用化され始めたのは1990年代後半といわれています。パソコンの処理能力やネット環境の高速化が進み、コンピューター上で立体形状が表現できるようになり、2次元図ではわかりづらかった形状も一目で判断できるようになりました。これまでの2次元CADではできなかった、体積や質量、重心といった物性情報を自動的に計算したり、干渉部分の確認、強度や機構の解析、色や光源の設定により実物のような表示をしたり、2次元図面を作成したりなど、活用範囲は今までの2次元CADの比ではありません。また、企業内でのデータの活用にも変化がでています。2次元データでは、ほぼ技術担当者間でしかやり取りが行われてきませんでしたが、3次元データは、営業担当者と取引先担当者とのやり取りに使われたり、パンフレットやドキュメントを作成する広報などの部署でも利用したりと、企業内での活用範囲は今後もどんどん広がっていくことでしょう。今や技術者だけではなく、さまざまな分野の人たちが3次元CADを活用しはじめています。

● 2次元

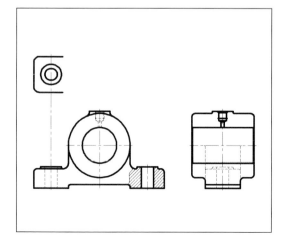

● 3次元

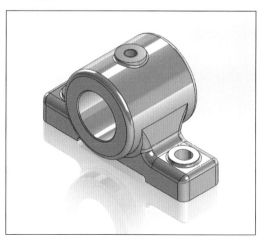

● 3次元CADの用語を覚える

3次元CADでは専門的な用語やソフトウェアによる特有の表現がたくさん使われています。ここでは、よく使われる用語を一覧にしました。初めて3次元CADに触れる人には聞きなれない用語も多いと思いますが、本書でも使用しているので参考にしてください。一覧表には3次元CADの一般的な用語に対比してSOLIDWORKSでの表現も記載しています。

3次元CADの用語	説明	SOLIDWORKSでの表現
スケッチ	立体を作成するための外形線（プロファイル）を描くこと	
コマンド	外形線を描いたり、立体化したりするための命令	
スケッチ拘束	スケッチ環境において作成した線分などに付ける条件	
幾何拘束	スケッチ拘束の1つで水平や平行、正接などの幾何学的な条件を付けること	
寸法拘束	スケッチ拘束の1つで寸法による条件を付けること	
フィーチャー	部品を司る立体形状のこと	
パーツ	フィーチャーの組み合わせにより作成した単一部品	部品
アセンブリ	一般的にパーツを2つ以上組み付けること	
アセンブリ拘束	パーツを組み付ける際に付加する条件	合致
2D図面化	立体モデルから2次元図面を作成すること	
モデリング	パーツやアセンブリを作成すること	
ソリッド	中身の詰まった立体形状（質量がある）	
サーフェス	面だけの立体形状（質量がない）	
ジオメトリ	幾何学的位置（座標を持つ）点、線、面のこと	エンティティ
標準フォーマット	異なるCAD間でデータのやり取りを行うためのファイル形式。代表的なものにSTEP（ステップ）やIGES（アイジェス）がある	
シェーディング	3次元モデルに色を付け、明暗により立体感を与える技法	
ワイヤーフレーム	線だけで構成された立体モデル	
パラメータ	形状に与えられた距離や角度などの情報	
リンク	ファイル間のつながり	
トップダウン手法	アセンブリでパーツを定義し、後にパーツを詳細に仕上げていく手法	
ボトムアップ手法	パーツを詳細に作成し、アセンブリする手法	
STL	ファイル形式の一つ。3Dプリンターに出力する際の形式	
マスプロパティ	3次元モデルの質量や表面積、重心といった物性情報	質量特性

02 SOLIDWORKSの基礎知識

ここでは、SOLIDWORKSについて説明します。3次元CADの中でもミッドレンジクラスと呼ばれる
CADですが、機能はハイエンドクラスに匹敵するほど進化しています。また、SOLIDWORKSで作業
を始めるにはテンプレートを使用します。テンプレートの概要についても理解しましょう。

● SOLIDWORKSとは

3次元CADは、大きくヒストリー型とノンヒストリー型に分かれます。ヒストリー型は、モデリン
グしているときの形状の作成順序が履歴として残るタイプのことです。さらに、ヒストリー型はハ
イエンド、ミッドレンジ、ローエンドに機能や価格の差でクラス分けがされています。
SOLIDWORKSは、ヒストリー型のミッドレンジクラスになります。ハイエンドクラスに比べて複
雑な曲面の作成機能が弱いといわれていますが、毎年200点ほどの新機能が追加されているので、
数年前に比べれば格段に機能が上がっています。
SOLIDWORKSには、ベーシックな「Standard」、部品ライブラリが搭載された「Professional」、解
析機能が充実した「Premium」の3つのグレードがあり、価格にも差があります。SOLIDWORKS
はハイエンドクラスに比べれば初期費用、ランニングコストも安く抑えられ、企業にとって導入し
やすいCADといえるでしょう。3次元CADの初心者にとっては、本書を含め多数のSOLIDWORKS
関連の本が出版されており、セミナーなども各地で行われているのでスタートしやすい環境が整っ
ています。

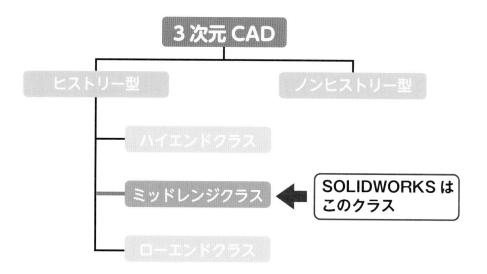

● テンプレートについて

現在の3次元CADではパーツ、アセンブリ、2次元図面の作成にそれぞれのテンプレートを使用して作業を行うのが主流となっています。SOLIDWORKSも同様でパーツを作成する際の「部品」、アセンブリを作成する際の「アセンブリ」、2次元図面を作成する際の「図面」の各テンプレートを使って作業を進めます。テンプレートにはそれぞれの作業をスムーズに進められるよう、あらかじめ必要なコマンドや環境設定がされています。しかし、すべての使用者がこのテンプレートを使ってスムーズに作業が進められるとは限りません。環境設定を変更し、よりスムーズに作業が進められるようにオリジナルのテンプレートを使用するのが一般的です。

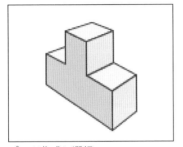

パーツ作成に選択
拡張子：sldprt

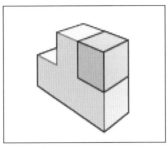

アセンブリ作成時に選択
拡張子：sldasm

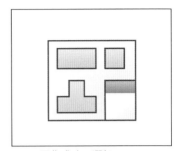

2D図面作成時に選択
拡張子：slddrw

MEMO　オリジナルテンプレート

寸法図形や文字、記号などをオプションで設定し、読み込み設定をすることでオリジナルのテンプレートを使用できます。

❶ 寸法図形などの設定を行う

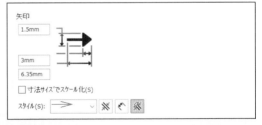

❷「ファイルの検索」設定を行う

❸ テンプレート設定が完了

SECTION

03

3D作成の流れ

ここでは、SOLIDWORKSでの3D作成の流れについて説明します。3D作成とはパーツモデリング、ア
センブリモデリング、2D図面化です。基本的な流れを確認し、第5章以降の作成時にイメージできる
ようにしましょう。

▶ パーツモデリングの流れを確認する

パーツモデリングの流れは次のようになります。

❶部品テンプレートを開きます。

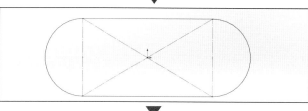

❷直線や円でスケッチを作成します。

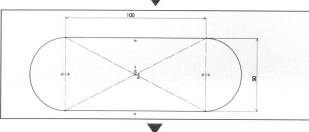

❸幾何拘束、寸法拘束を付加します。

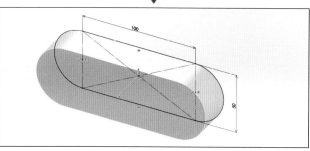

❹押し出しなどでフィーチャーを作成しま
す。

● アセンブリモデリングの流れを確認する

アセンブリモデリングの流れは次のようになります。

❶アセンブリテンプレートを開きます。

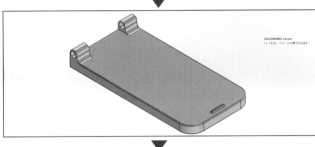

❷ベース部品を挿入します。

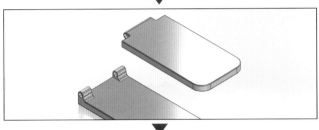

❸組み付ける部品を挿入します。

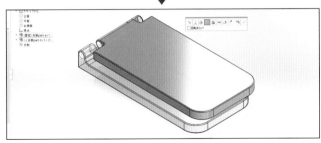

❹互いの部品の面やエッジを選択し、合致を付加します。

▦ MEMO　スマート合致

合致するには、「スマート合致」という方法もあります。コマンドがあるわけではなく、Alt キーを押しながら対象のエッジや面を相手部品までドラッグすると、適合する合致を付けることができます。

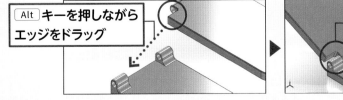

Alt キーを押しながら
エッジをドラッグ

相手部品の
対象部品で合致

◉ 2D図面化の流れを確認する

2D図面化の流れは次のようになります。

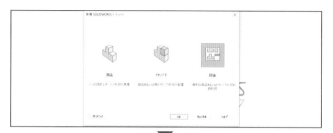

❶図面テンプレートを開きます。

❷部品またはアセンブリモデルを挿入します。

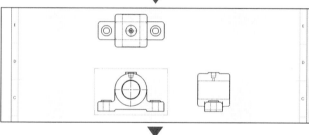

❸ビューを作成します。

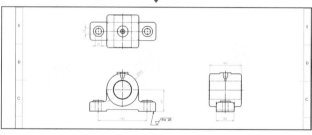

❹寸法、アノテートアイテムを追加します。

📖 MEMO　ファイル名を変更するときの注意

図面を作成するには、部品やアセンブリモデルを挿入します。そのため、モデルと図面にはリンク関係が生じます。通常お互いのファイル名で相手を判別するので、ファイル名をなるべく変更しないようにしましょう。変更が必要な場合は、リンク関係が壊れないように、SOLIDWORKSの「名前変更」機能を使いましょう（付録 P.328 参照）。これはアセンブリモデルの場合も同じです。アセンブリモデルは部品を挿入して作成するため、リンク関係が生じます。リンク関係が壊れると、ファイルを開く際に右図のようなメッセージが表示されます。その場合は、「ファイルの参照」をクリックして、挿入するファイルを選択します。

Chapter **2**

SOLIDWORKS の
初期設定と基本操作

01

SOLIDWORKS の
起動と終了

ここでは、SOLIDWORKSの起動と終了について説明します。主な方法2つを紹介するので、自分の環境にあったやりやすい方法で行いましょう。また、インターフェイスについても主な名称を一覧にまとめたので覚えておきましょう。

▶ SOLIDWORKS を起動する／終了する

▷ SOLIDWORKS を起動する

デスクトップにある「SOLIDWORKS 2021」アイコンをダブルクリックまたは、[スタート]ボタン→[SOLIDWORKS2021]→[SOLIDWORKS2021]の順にクリックします。

▷ SOLIDWORKS を終了する

右上の「×」をクリックまたは、[ファイル]→[終了]の順にクリックします。

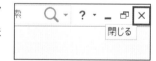

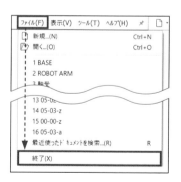

📖 **MEMO**　**SOLIDWORKS 2021 起動時の画面について**

SOLIDWORKS 2021 は起動時に「ようこそ SOLIDWORKS」が表示されます。本書では使用しないため、[起動時に表示しない]にチェックを付けて閉じます。再度表示するには、[オプション]→[システムオプション]タブ→[メッセージ/エラー/警告]→["ようこそダイアログボックス"]にチェックを付けます。

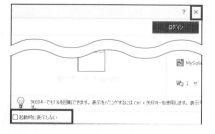

● インターフェイスを確認する

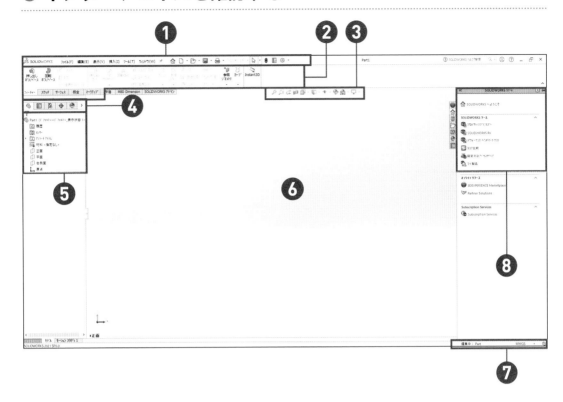

❶メニューバー

すべてのコマンドがフライアウト形式で選択できます。

❷コマンドマネージャー

スケッチやフィーチャーの作成を行うコマンドが配置されています。

❸ヘッズアップビューツールバー

モデルの表示方向、表示状態などを切り替えるコマンドが揃います。

❹マネージャーパネル

FeatureManager デザインツリーや Property Manager デザインツリーなどがタブによって切り替えられます。

❺ FeatureManager デザインツリー

モデル作成の履歴が表示され、編集などの作業が行えます。

❻グラフィックス領域

モデリングや図面作成を行う領域です。ここに作図します。

❼ステータスバー

各作業における状況が表示されます。

❽タスクパネル

ライブラリの読み込みや外観の設定が行えます。

SECTION 02 作図環境を整える

ここではSOLIDWORKSの作図環境を整え、練習に支障の無いようにするためにメニューバーと最低限のオプション設定を行います。また、3次元の世界では座標についても理解をしておく必要があります。いつでもイメージできるようにしておきましょう。

▶ メニューバーを固定する

メニューバーが非表示になっている場合、本書では操作性をふまえ固定します。以下の手順で行ってください。

❶ SOLIDWORKS ロゴの右にある ▶ をクリックします。

❷ マウスを右へスライドし、 ⊣ をクリックします。

❸ ピンが ⊡ に変わり、メニューバーが固定されます。

● オプションについて

メニューバーの◙［オプション］をクリックします。テンプレートを開かずにオプションをクリックした場合は、「システムオプション」タブが表示されます。

「部品」、「アセンブリ」、「図面」いずれかのテンプレートを開いて、オプションをクリックした場合は、「システムオプション」タブと「ドキュメントプロパティ」タブが表示されます。

📖 MEMO　　システムオプションとドキュメントプロパティの違い

「システムオプション」は SOLIDWORKS 自体に設定されるので、一度設定すると内容は維持されます。一方、「ドキュメントプロパティ」はファイルごとに設定されるので、毎回設定する必要があります。そのため、オリジナルのテンプレートを作成すると作業をスムーズに進めることができるのです。

▶ オプションを設定する

本書の説明は、次のオプションを設定した状態で行います。事前に設定しておきましょう。

▷ システムオプション

[スケッチ]をクリックし、[スケッチ作成/スケッチ編集時にスケッチ平面を垂直にビューを自動回転]にチェックを付け、[エンティティ作成時にスクリーン上で値の入力を有効にする]のチェックをはずします。

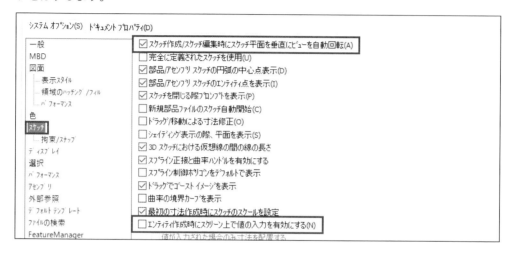

[選択]をクリックし、「デフォルトバルク選択方法」で[ボックス選択]をクリックします。

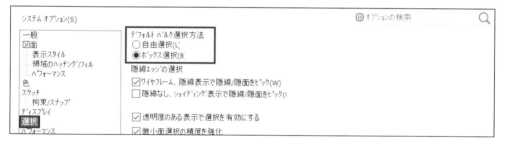

▷ ドキュメントプロパティ

[単位]をクリックし、[MMGS]をクリックします。

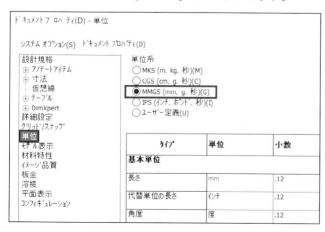

> **⊙ Check**
>
> オプション設定は多岐にわたるため、ここでは最低限の設定のみ行っています。また、使用環境によっては、本書と表示などが異なる場合があります。

▶ 作図画面の座標について知る

3次元CADを理解するには、座標という概念を知る必要があります。座標について少しわかりやすく説明しましょう。部屋を思い浮かべてください。部屋の角には2つの方向を向いた「壁」と「床」があります。これがいわゆる座標です。下図とSOLIDWORKSを対比したのが下表です。立体モデルを作成する際に少し意識してほしい点があります。下図の壁と床には掛け時計があります。一般的に考えて掛け時計は床にあるよりも、壁に掛かっているほうが違和感ありません。この図のような表示を「等角表示」といいますが、等角表示にした際に立体モデルが違和感無く見えることを意識してください。そのためには、最初に作成するスケッチはどの面に、どのように描くのがよいかを見極めてから作業に入るようにしましょう。

● 座標イメージ

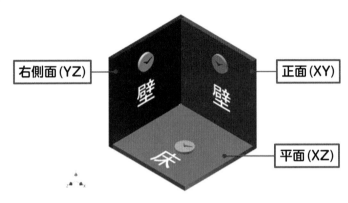

● SOLIDWORKS の座標平面

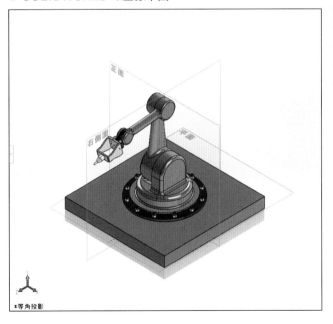

● 座標の対比

図	SOLIDWORKS
青い壁	正面（XY）
赤い壁	右側面（YZ）
緑の床	平面（XZ）

Chapter
2
SOLIDWORKS の初期設定と基本操作

SECTION 03　ファイルの操作

ここではSOLIDWORKSを起動した後の、ファイルの操作について説明します。「新規作成」、「開く」、「閉じる」、「保存」、これらは頻繁に行う基本的な操作なので、スムーズに行えるようにしっかりと理解しておきましょう。

▶ モデルの新規作成／開く／閉じる

▶ 新規作成

新規にモデル作成を始めます。

▶ 開く

既存のモデルファイルを開いて作業をします。

▶ 閉じる

作業を終了してモデルファイルを閉じます。

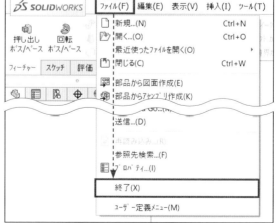

● ファイルを保存する

SOLIDWORKSには、ファイルを保存する方法が3つあります。

▶ 保存

初めて保存する場合や上書き保存するときに選択します。

▶ 指定保存

名前の付いたファイルを開き、別の名前にして保存する場合、あるいは他のCADで読み込めるよう形式を変えて(IGESやSTEPなどの標準フォーマット形式)保存する場合に選択します。

▶ すべて保存

現在開いているファイルをすべて保存する場合に選択します。

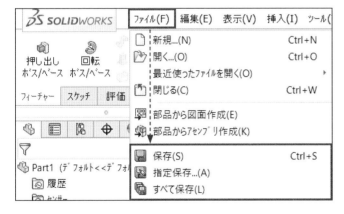

📖 MEMO　　上書き保存の習慣を付けよう

3次元CADで作業を行っていると、いろいろな意味で夢中になりデータの保存を忘れがちです。3次元CADはパソコンにかなりの負荷を与えるため、作業途中でパソコンが動かなくなることが多々あります。SOLIDWORKSには復元機能がありますが、必ずしも救済できるとは限りません。自分自身でこまめに上書き保存するように習慣付けましょう。

SECTION

04 画面や表示を切り替える

ここでは、立体モデルの移動や回転、表示状態を切り替えるマウスの基本操作について説明します。
SOLIDWORKS内で立体モデルを作成するには、あらゆる方向から形状を見たり、細かな部分を拡大して
確認したりする必要があります。これらの操作は頻繁に行うので、スムーズにできるようにしましょう。

● 画面の移動

現在の表示状態で自由にグラフィックス領域内を移動させます。

▶ マウスのホイールで操作

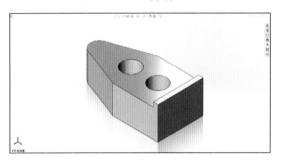 

▶ Ctrl キー＋ホイールを押しながらマウスを上下に移動

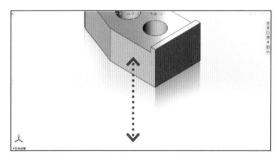 

▶ Ctrl キー＋ホイールを押しながらマウスを左右に移動

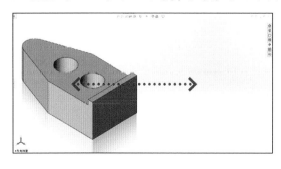 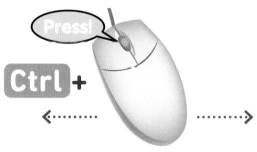

Chapter 2 SOLIDWORKS の初期設定と基本操作

● 画面の回転

3D回転の操作です。

▶ マウスのホイールで操作

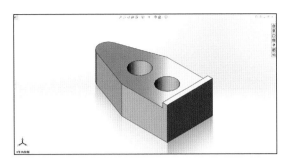 

▶ ホイールを押しながらマウスを前後に移動

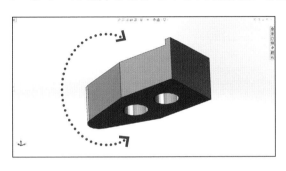 

▶ ホイールを押しながらマウスを左右に移動

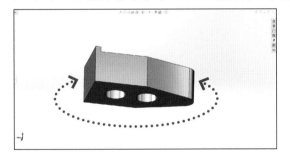 

MEMO　全体を表示するには

画面操作が不慣れなうちは、モデルが画面外に出てしまうことがあります。そのような場合は、[ウィンドウ にフィット] をクリックするか、マウスホイールをダブルクリックしましょう。

● 画面のズーム

現在の表示状態からズームイン／ズームアウトします。

▶ マウスのホイールで操作

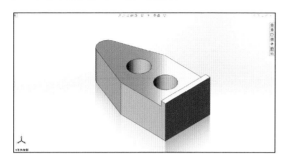 

ホイールを奥に回転させると「ズームアウト」します。

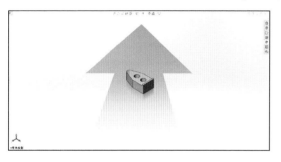 

ホイールを手前側へ回転させると「ズームイン」します。

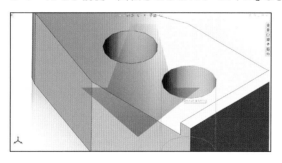 

▦ MEMO 一部拡大

領域を指定して拡大したい場合に使用します。[一部拡大] をクリックして矩形を描くように領域を指定し、マウスボタンから指を離します。

一部拡大
指定領域を拡大表示します。

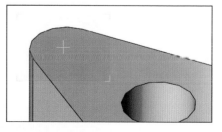

Chapter

2

SOLIDWORKS の初期設定と基本操作

● 表示方向を切り替える

表示方向の操作を確認します。

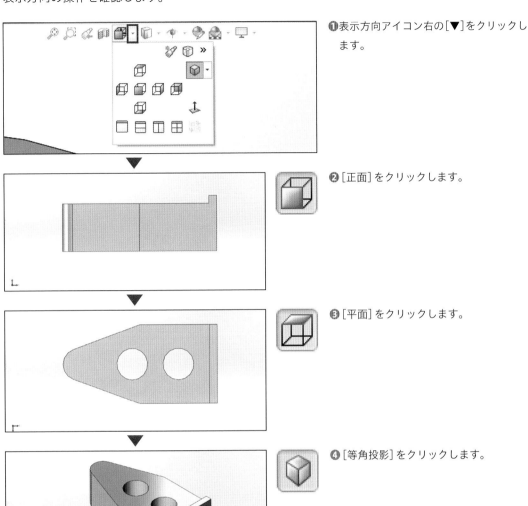

❶表示方向アイコン右の[▼]をクリックします。

❷[正面]をクリックします。

❸[平面]をクリックします。

❹[等角投影]をクリックします。

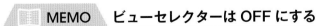

MEMO　ビューセレクターは OFF にする

表示方向をクリックしたときに画像のようになる場合は、「ビューセレクター」を OFF にしましょう。

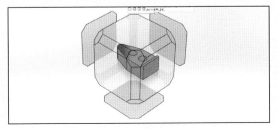

● 表示スタイルを切り替える

モデルを表示する方法として、シェーディング、ワイヤーフレームなどがあります。

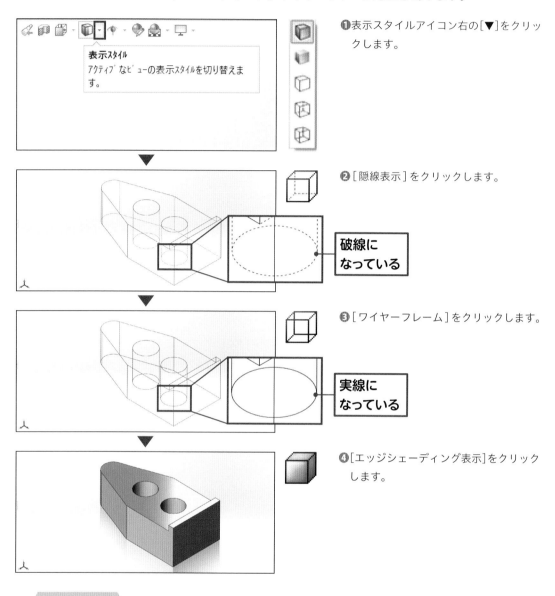

❶表示スタイルアイコン右の[▼]をクリックします。

❷[隠線表示]をクリックします。

破線になっている

❸[ワイヤーフレーム]をクリックします。

実線になっている

❹[エッジシェーディング表示]をクリックします。

📖 MEMO　断面表示

モデルの断面表示をする場合は、[断面表示]をクリックします。
断面位置や方向は、「トライアド」を操作することで変更できます。

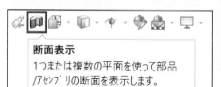

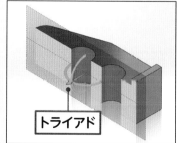

トライアド

Chapter **3**

スケッチを作成する

01 スケッチの基礎知識

ここでは、立体を作成する前のスケッチについて学びます。スケッチの始め方、線や円などの作成コマンド、カットしたり延ばしたりする修正コマンド、線の状態を決める幾何拘束、長さや角度を決める寸法拘束などを理解しやすいよう練習を含めて行います。

▶ スケッチとは

スケッチとは、直線や矩形、円や円弧を描くという作業の総称です。スケッチというと紙と鉛筆を用意し、頭の中で思い描いた形をフリーハンドで描くイメージがあると思います。紙は机など固定されたものの上に置かないと、うまく書けません。3次元CADのスケッチも同じように考えられます。『「机の上」に「紙」を置き「ペン」で「線」を描く』という動作を3次元CADに置き換えると、『「平面を指定」して「スケッチ」ボタンをクリックし、「マウス」を使って「直線コマンド」を実行する』という操作になります。

スケッチは立体形状を作成する重要な作業です。寸法や位置などが間違っていると、できあがった立体形状にも影響が出てきます。ここでは、主なスケッチの作成コマンドや修正コマンド、形を整えるスケッチ拘束について知識を習得すると同時に、実際の練習を行うことで理解をしていきます。

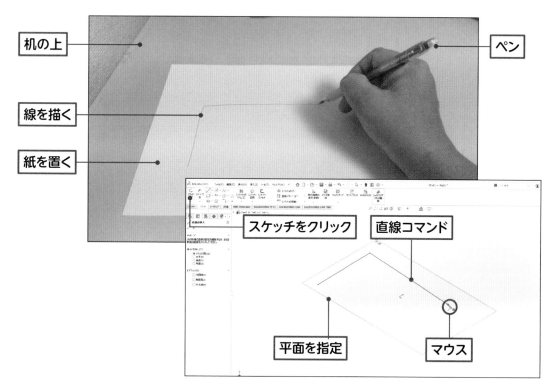

机の上　ペン

線を描く

紙を置く

スケッチをクリック　直線コマンド

平面を指定　マウス

● スケッチを始める—ショートカットアイコンを利用する

ここでは、部品を作成する際のスケッチの始め方について解説します。スケッチを始めるには2つの方法があります。

❶[新規]をクリックし❶、[部品]をダブルクリックして❷、部品テンプレートを立ち上げます。

❷[正面]をクリックし❶、ショートカットアイコンの[スケッチ]をクリックします❷。

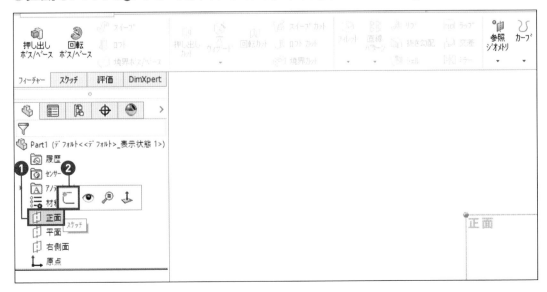

● スケッチを始める—リボンのコマンドを利用する

スケッチを始めるもう一つの方法は、リボンのコマンドを利用します。

❶ [新規]をクリックし❶、[部品]をダブルクリックして❷、部品テンプレートを立ち上げます。

❷ [正面]をクリックします❶。[スケッチ]タブをクリックし❷、[スケッチ]をクリックします❸。

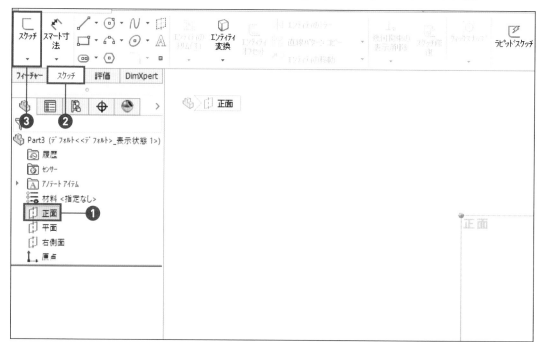

● スケッチを終了する

ここでは、スケッチを終了する方法について説明します。

❶ スケッチツールバーの［スケッチ終了］をクリック、または標準ツールバーの［再構築］をクリックします。

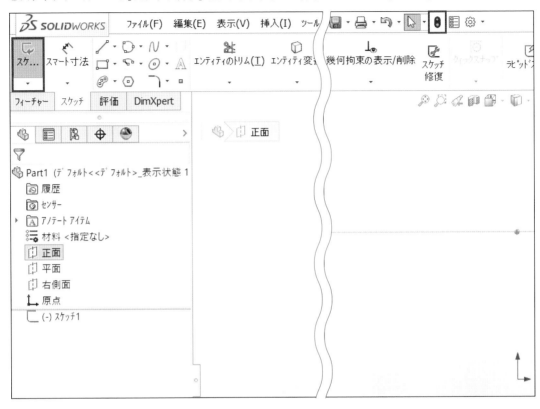

📖 MEMO　「確認コーナー」で終了する

スケッチ環境の中でグラフィックス領域の右上には「確認コーナー」があり、「スケッチ終了」と「キャンセル」ができます。ここでスケッチを終了することもできます。

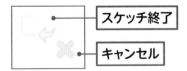

スケッチ終了

キャンセル

📖 MEMO　スケッチが描けないときは

「スケッチが描けない」ときは、ツリーを確認してください。「スケッチ」がバーの上になっていたら、終了しているということです。この場合は、［スケッチ1］で右クリックし、［スケッチ編集］をクリックしてください。ただし、編集の場合はバーの下にはなりません。

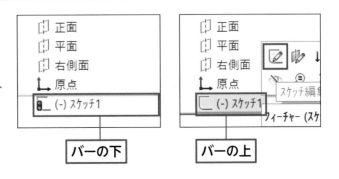

バーの下　　バーの上

● スケッチ作成コマンド

スケッチを作成するコマンドは、下図赤枠内に集約されています。各コマンド右の［▼］は作成の方法を切り替えられ、よりスムーズに作図できるようになっています。ここでは、コマンドの紹介のみ行います。主なスケッチ作成コマンドの使い方は、P.44から説明します。

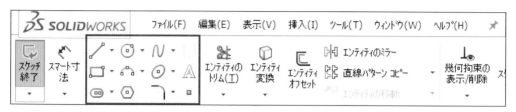

● スケッチ修正コマンド

スケッチを修正するコマンドは、下図赤枠内に集約されています。各コマンドの［▼］は、作成の方法を切り替えられるようになっています。ここではコマンドの紹介のみを行います。主な修正コマンドの使い方は、P.54から説明します。

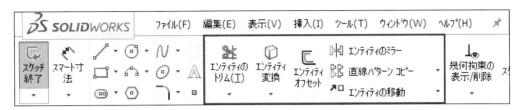

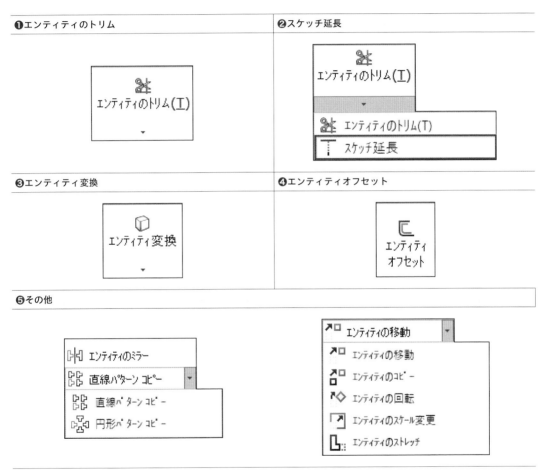

02 スケッチの練習

ここでは、主なスケッチコマンドの使い方について学習します。コマンドによってクリックのタイミングやマウスポインターの動かし方などが異なるので、それぞれの特徴をしっかりと覚えましょう。また、中心線や作図線の役割についても理解しましょう。

▶ スケッチコマンド練習の仕方

練習はコマンドごとに、新しいスケッチ環境で行います。「スケッチ内には不要な線は描かない」という3次元CADの基本的な考えに慣れるためです。

スケッチ環境にするには、P.39またはP.40の「スケッチを始める」を行ってください。スケッチに入ったら、P.45の「直線を描く」を行います。練習が終わったら、P.41の「スケッチを終了する」のいずれかの方法でスケッチを終了します。作成したデータの保存は、任意で行ってください。これを繰り返し、各スケッチコマンドの使い方を練習します。同じスケッチ内に作成しないように注意してください。

❶［部品］をダブルクリックします。

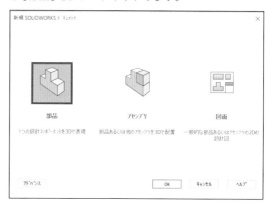

❷スケッチ環境にします。

❸コマンドの作成練習を行います。

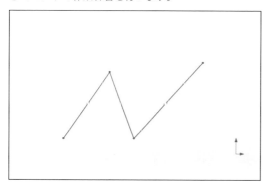

❹スケッチを終了し、ファイルを閉じます。

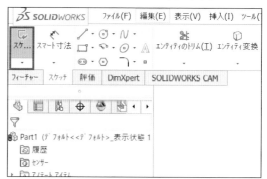

Chapter
3
スケッチを作成する

● 直線を描く

❶[直線]をクリックします。

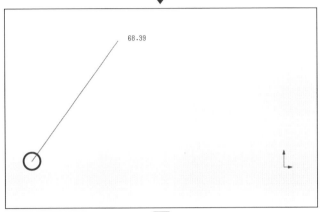

❷[1点目]をクリックします。

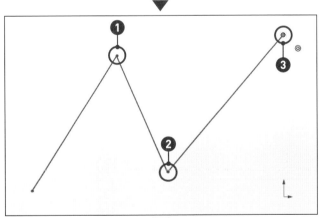

❸[2点目]、[3点目]、[4点目]をクリック
します❶❷❸。

⚠ Check

ドラッグすると、線が描けなかったり、円弧
になってしまったりするため、クリックして
指定しましょう。

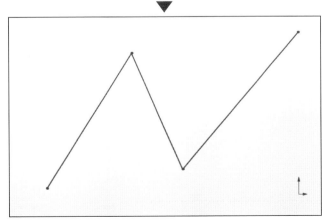

❹[Esc]キーを押し、[スケッチ終了]をク
リックします。

● 円を描く

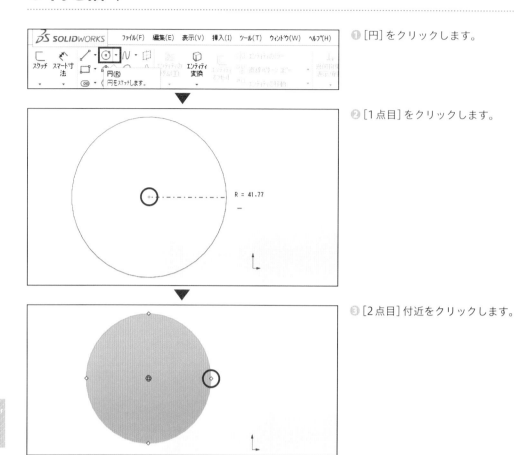

❶ [円]をクリックします。

❷ [1点目]をクリックします。

❸ [2点目]付近をクリックします。

❹ Esc キーを2回押します。

📖 MEMO　　選択の解除

SOLIDWORKS では次のコマンド操作に入る前に、Esc キーを押して選択状態を解除する必要があります。1度で解除できる場合もあれば、2度押す必要がある場合もあります。たとえば「矩形スケッチ」の場合は1度で解除されますが、「円スケッチ」の場合は2度押さないと解除されません。「あれ？」と思ったら線の色を確認しましょう。「選択状態」と「解除状態」では、線の色が変わります。ほかのコマンドやスケッチ以外でも同様に注意しましょう。

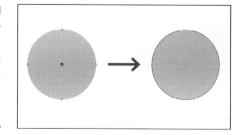

Chapter
3

スケッチを作成する

● 円弧を描く

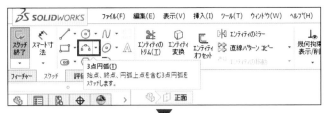

❶ [円弧] をクリックします。

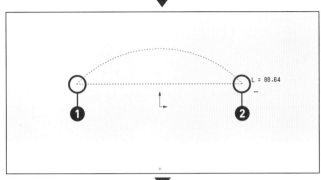

❷ [1点目]、[2点目] をクリックします ❶❷。

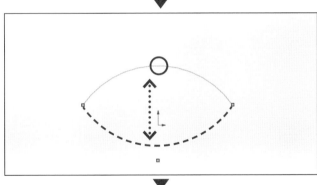

❸ [3点目] をクリックします。

⚠ Check

マウスポインターの位置によって、円弧の方向が決まります。

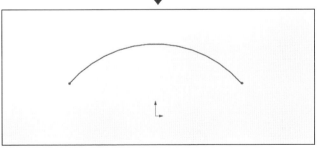

❹ Esc キーを2回押します。

📖 MEMO　　そのほかの円弧コマンド

「円弧」コマンドには、ほかにも「中心点円弧」や「正接円弧」があるので、[▼] をクリックして確認しておきましょう。また、P.50「組み合わせて描く①」も参考にしてください。

🖎 中心点円弧(T)

⌐) 正接円弧

⌒ 3点円弧(T)

● 矩形を描く

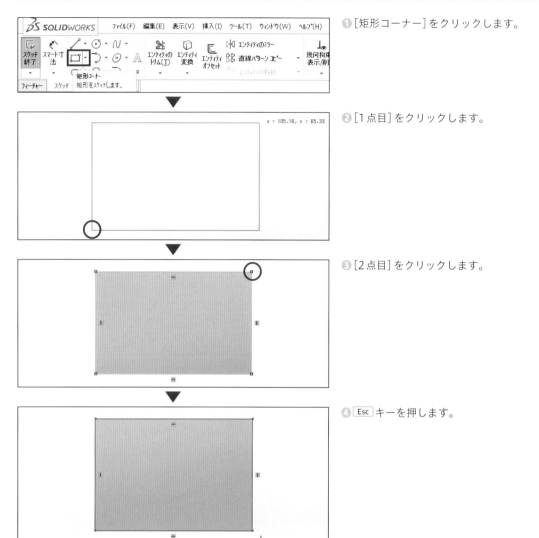

❶[矩形コーナー]をクリックします。

❷[1点目]をクリックします。

❸[2点目]をクリックします。

❹ [Esc] キーを押します。

📖 MEMO　3点矩形コーナー

「矩形」コマンドには、ほかにも「3点矩形コーナー」があります。傾斜した矩形を作成するのに便利なコマンドなので覚えておきましょう。

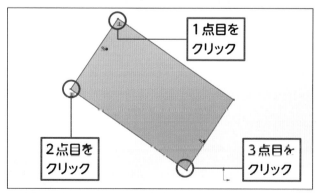

1点目を
クリック

2点目を
クリック

3点目を
クリック

● 楕円を描く

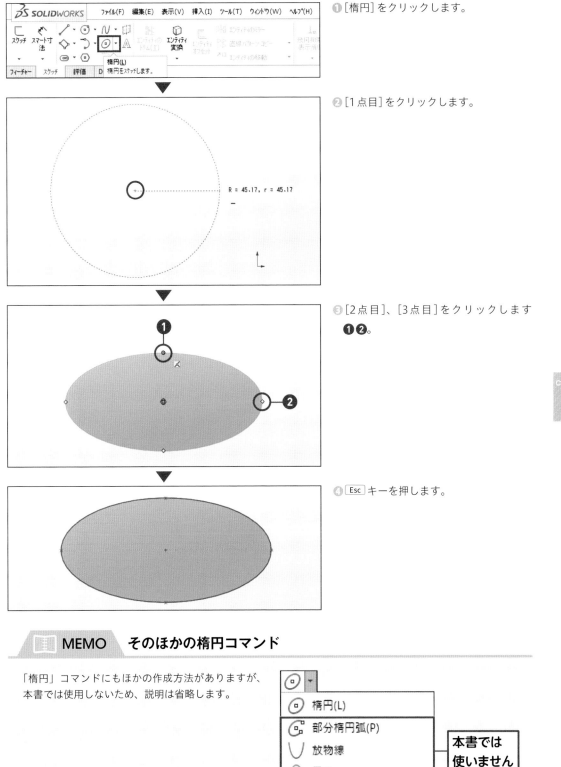

① [楕円] をクリックします。

② [1点目] をクリックします。

③ [2点目]、[3点目] をクリックします ①②。

④ Esc キーを押します。

📖 MEMO　そのほかの楕円コマンド

「楕円」コマンドにもほかの作成方法がありますが、
本書では使用しないため、説明は省略します。

- 楕円(L)
- 部分楕円弧(P)
- 放物線
- 円錐

本書では
使いません

● 組み合わせて描く①

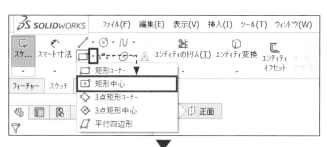

① [矩形中心]をクリックします。

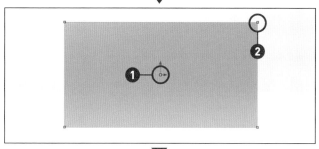

② [原点]をクリックし①、[2点目]付近を
クリックします②。

③ [中心点円弧]をクリックします。

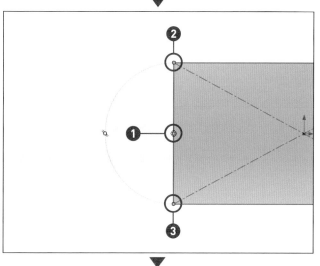

④ [1点目]をクリックし①、[2点目]、[3
点目]をクリックします②③。

ⓘ Check

1 点目は中点です。

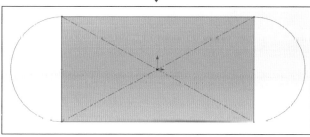

⑤ 反対側にも円弧を作成し、Esc キーを2
回押します。

● 組み合わせて描く②

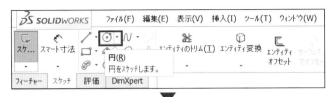

❶ [円]をクリックします。

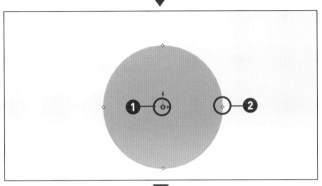

❷ [原点]をクリックし❶、[2点目]付近を
クリックします❷。 Esc キーを2回押し
ます。

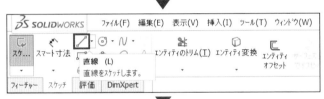

❸ [直線]をクリックします。

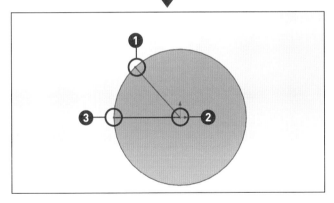

❹ [1点目]をクリックし❶、[原点]、[3点
目]をクリックします❷❸。 Esc キーを
押します。1点目は円上、原点と3点目
を結ぶ線は「水平」です。

📖 MEMO　穴ウィザードで使用

この作成方法は、後述の穴ウィザードを利用する際
にも役立つので覚えておいてください。

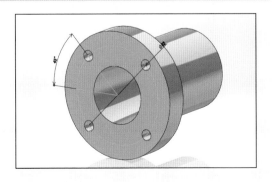

● 中心線の使用例

中心線は対称拘束を付加したり、回転フィーチャーで円柱形状を作成したりするため、スケッチに直径(対称)寸法を追加する場合に使用します。直線コマンドの右側の[▼]をクリックすると、コマンドが表示されます。中心線の使用例を見てみましょう。

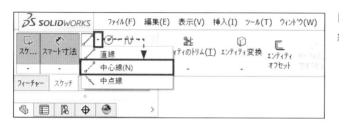

「直線」右の[▼]をクリックすると、[中心線]コマンドがあります。

使用例①:対称拘束を付加

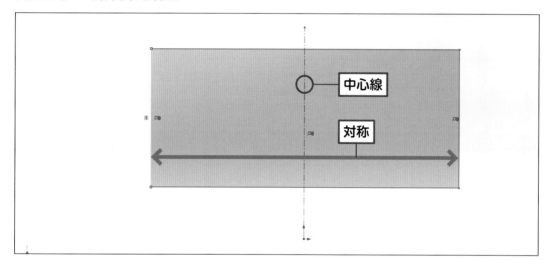

使用例②:直径(対称)寸法を付加

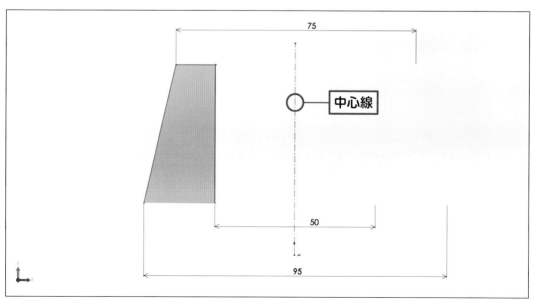

● 作図線の使用例

作図線はスケッチにおいて立体化する外形線ではなく、形状を維持するために必要ないわゆる補助線です。スケッチ内に描かれた線分を作図線に変更するには、2つの方法があります。ひとつは、線分をクリック（右クリックでも可）して、[作図線]にチェックを付ける方法です。もうひとつは、線分をクリック（右クリックでも可）して、ショートカットの[作図ジオメトリ]をクリックする方法です。円でも円弧でも作図線に変更することができます。以下に作図線の使用例を示します。

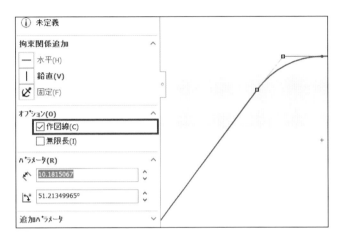

変更の仕方❶
要素を選択し、[作図線]にチェックを付けます。

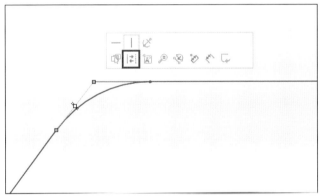

変更の仕方❷
要素を選択し、[作図ジオメトリ]をクリックします。

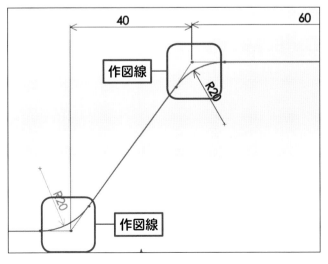

使用例
寸法を付加するための補助線として使用します。

● 線をトリムする

スケッチ内で線が交差していたり、はみ出たりしている部分がある場合は、その部分をカット処理します。コマンドは、「エンティティのトリム」です。線が交差していたり、はみ出たりしている部分があるとフィーチャーの作成がうまくできません。スケッチ内できちんと処理をしましょう。以下に「エンティティのトリム」コマンドの使用例を示します。

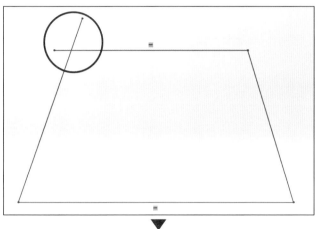

線が交差していると、立体化できません。

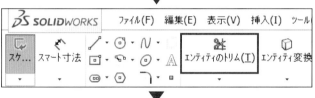

［エンティティのトリム］をクリックします。

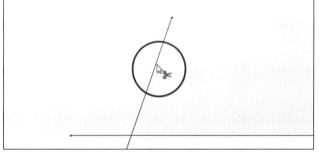

カットする要素をクリックします。

📖 MEMO　トリムのオプション

［エンティティのトリム］をクリックすると、「オプション」が表示されます。多少の違いはありますが「一番近い交点までトリム」に設定しておけば、ほかのオプションも含めて同じことができます。本書ではこの設定で行っています。

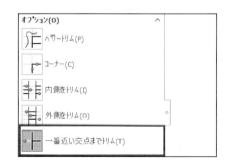

● 線を延長する

スケッチ内で線が短かったり隙間があったりする場合は、その部分を延長処理します。コマンドは「スケッチ延長」です。線が短く隙間があると、フィーチャーの作成がうまくできません。スケッチ内できちんと処理をしましょう。以下に「スケッチの延長」コマンドの使用例を示します。

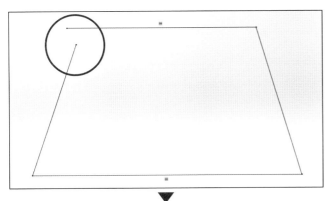

隙間があると立体化できません。

[スケッチ延長]をクリックします。

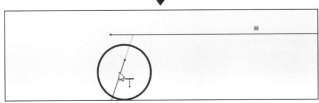

延長する要素をクリックします。

📖 MEMO　離れた線の延長

下図のように離れている場合、「スケッチの延長」はできません。この場合は、Ctrl キーを押しながら［両端点］をクリックし、「マージ」を付加してください。

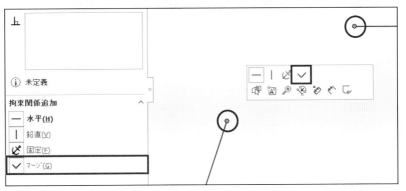

03 スケッチ拘束の基礎知識

ここでは、スケッチ拘束の意味と基礎知識について学習します。スケッチ拘束は、立体を作成するための外形を正確な形状にする非常に重要な作業です。はじめのうちはとまどうかもしれませんが、何度も練習を繰り返し、適正な拘束が付加できるようにしましょう。

▶ スケッチ拘束とは

3次元CADのスケッチはまず、ラフスケッチといっておおよその形や大きさで描きます。そのため、大まかな線を描けるように、線をドラッグすると変形するようになっています。別の言い方をすると、「自由度がある」ということです。自由度を無くすことを「拘束」といい、一般的に「幾何拘束」と「寸法拘束」があります。SOLIDWORKSでも同じように、幾何拘束と寸法拘束の2つでスケッチの自由度を無くし、形状を確定します。

「幾何拘束」は、水平や平行、正接や同一線上などの状態を決める拘束です。「寸法拘束」は、長さや角度などを決める拘束です。これらの拘束を適正に付加して正確な外形を作成します。3次元CADに初めて触れる人の多くは、拘束の理解に苦労して作成に多くの時間がかかったり、不適切な拘束を付加してしまいあとで変更がしにくくなったりしてしまいます。拘束を理解し、適切に付加できるようになれば修正や変更がしやすく、効率的に部品の作成ができるようになります。では、適切な拘束とはどのような拘束でしょうか。たとえば、部品内に「V」形状を作成するとします。常に角度が90°であれば、幾何拘束で「垂直」を付加しても寸法拘束で「90°」を付加してもよいですが、あとで80°に変更する可能性がある場合、寸法拘束で付加しておかないと変更できません。このような判断を瞬時に行えるように、拘束に対する知識をしっかり身に付けましょう。

Chapter
3
スケッチを作成する

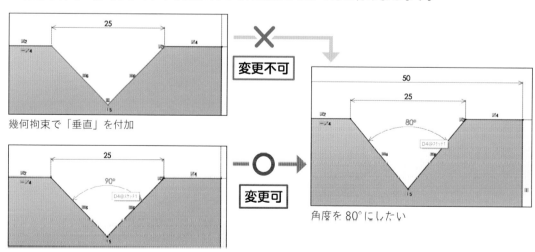

幾何拘束で「垂直」を付加

寸法拘束で「90°」を付加

変更不可

変更可

角度を80°にしたい

● スケッチ拘束が無かったら

もし、拘束が無いまま部品を作成したらどうなるか考えてみましょう。たとえば2D図面を作成した場合、寸法が端数になったり、穴の位置が正しくない図面ができあがったりしてしまいます。また、アセンブリをしたら、穴よりも軸のほうが大きくなって、適切に組み立てられなくなってしまいます。一方で、拘束が必要ない場合もあります。たとえば伸びたり縮んだりするバネを作成する場合は、一部の拘束は不要になります。このように、図面によって適正な拘束を付加できるよう知識が必要になります。

▶ 拘束が無いと不具合がでる例

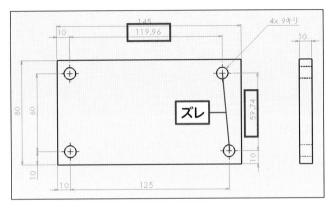

図面化すると端数になっていたり、穴位置がずれていたりする。

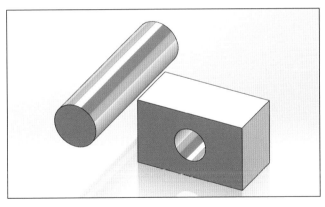

Shaftの径がBlockの穴径よりも大きい。

▶ 一部の拘束が無いほうがよい例

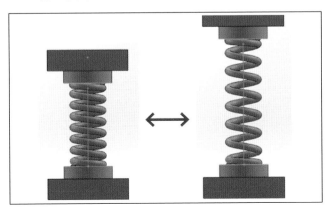

伸縮するスプリングを作成する場合は、高さを決める寸法拘束が無いか省略されていなければならない。

● 幾何拘束の種類

SOLIDWORKSの幾何拘束には、主に次のような種類があります。

アイコン	拘束名	用途
― 水平(H)	水平	直線が水平になる
	鉛直(V)	鉛直	直線が鉛直になる
／ 同一線上(L)	同一線上	対象の直線は同じ無限線上で整列する
⊥ 垂直(U)	垂直	対象の直線は互いに垂直になる
＼ 平行(E)	平行	対象の直線は互いに平行になる
= 等しい値(Q)	等しい値	線の長さまたは半径値が等しくなる
⚓ 固定(E)	固定	位置とサイズが固定される (直線は伸び縮みする)
◌ 同一円弧(R)	同一円弧	対象の円、円弧は同じ中心点と半径になる
⌀ 正接(A)	正接	1 つの円弧ともう 1 つの円弧、直線が正接になる
◎ 同心円(N)	同心円	円、円弧が同じ中心点になる
／ 中点(M)	中点	点が線の中点に配置される
人 一致(D)	一致	点が線、円、円弧上に配置される
⌀ 対称(S)	対称	選択要素は互いに中心線からの距離が同じになる
✔ マージ(G)	マージ	2 つのスケッチ点が 1 つになる

寸法拘束の種類

SOLIDWORKSの寸法拘束には、主に次のような種類があります。

アイコン	寸法名	用途
スマート寸法	スマート寸法	長さ、角度、直径、半径などエンティティの状態とマウスポインターの位置により、さまざまな入力ができる
水平寸法	水平寸法	水平な長さ寸法が入力できる
垂直寸法	垂直寸法	垂直な長さ寸法が入力できる
累進寸法	累進寸法	傾斜部を含め累進寸法が入力できる
水平累進寸法	水平累進寸法	水平な累進寸法が入力できる
垂直累進寸法	垂直累進寸法	垂直な累進寸法が入力できる
パス長	パス長	パスの長さが駆動寸法で入力できる

Chapter
3

スケッチを作成する

📖 MEMO   累進寸法とは

累進寸法は、板に穴をあける加工をする場合によく使われます。板の基準点からの穴位置を示すことで複数の穴をあける場合の図面の見やすさと、加工機や加工者によって設定や作業がしやすいためのようです。

● スマート寸法

寸法拘束を付加する際、「スマート寸法」を多く使用することになります。スマート寸法は、スケッチの線分の状態とマウスポインターとの位置関係から、SOLIDWORKSが自動的に判断して付加してくれる便利なコマンドです。たとえば、矩形の場合は水平、鉛直寸法でもスマート寸法でも同様に作成できます。傾斜した線分に平行な寸法を付加する場合、スマート寸法であればマウスポインターの位置を変えるだけで、水平にも平行にも追加することができます。また、円の場合は直径、円弧の場合は半径、角度も付加できます。

● 水平、垂直寸法の場合

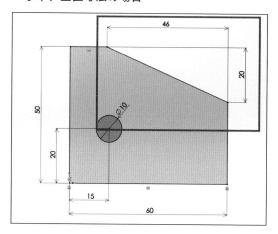

● スマート寸法なら平行にも付加できる

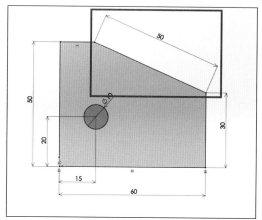

● 直径、半径、角度も付加できる

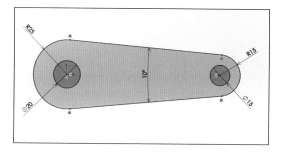

📖 MEMO　駆動寸法と従動寸法

スケッチで寸法拘束を追加していると、「駆動寸法」と「従動寸法」という表示が出ることがあります。「駆動寸法」は、長さや位置を決定するために必要な寸法です。「従動寸法」は、すでに付加されている幾何拘束や寸法拘束により、これ以上必要のない寸法ですが、参考として入力しておくと便利な場合もあるので、そのときどきで判断しましょう。従動寸法は、駆動寸法に比べてうすい色で表示されます。

▶ 未定義と完全定義

幾何拘束、寸法拘束を付加するときは、ステータスバー内に表示される「未定義」と「完全定義」を常に確認しましょう。未定義は、拘束が不完全な状態です。完全定義は、拘束条件が整っている状態を意味します。完全定義でなくてもフィーチャーを作成することはできますが、形状が間違っていたり、中途半端な寸法になったりすることが考えられます。通常の部品作成におけるスケッチは、原則「完全定義」と表示されるように拘束を付加しましょう。

● 未定義

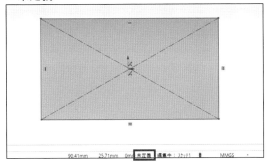

● 完全定義

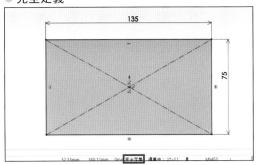

● **MEMO** 自動で拘束を付加する

グラフィックス領域で右クリックし、「スケッチ完全定義」を選択すると自動で拘束を付加することもできます。ただし、適切な拘束が付加されることが少ないため、使用するのはお勧めしません。

● **MEMO** 「完全定義」オプション

SOLIDWORKS のオプションには、「完全定義」でないとフィーチャーが作成できないようにする設定があります。[オプション] → [システムオプション] → [スケッチ] → [完全に定義されたスケッチを使用] にチェックを付けます。はじめのうちはこのオプションを設定し、練習してみましょう。

● オプション設定画面

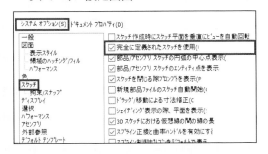

● 未定義ではフィーチャーが作成できません

SECTION

04 スケッチ拘束の練習

ここでは、スケッチ拘束の練習を行います。「幾何拘束」と「寸法拘束」の付加方法を確認しましょう。特に幾何拘束は作成後の編集などに影響するので、どのような条件が適正なのかをスムーズに判断できるまで何度も練習しましょう。

▶ スケッチ拘束の練習の仕方

スケッチ拘束は、非常に重要な作業です。特に「幾何拘束」はさまざまなパターンがありますが、ここではまず基本的な操作の流れを理解してください。練習ファイルがある場合は、ファイルを開いて実際に練習してください。練習ファイルが無い場合は、第5章以降のモデリングで具体的に学習することができます。

▶ 幾何拘束を付加する方法

● 方法❶

ショートカットで拘束条件をクリックします。

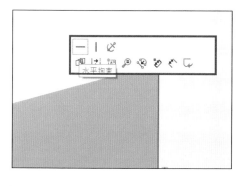

● 方法❷

パネルから拘束条件をクリックします。

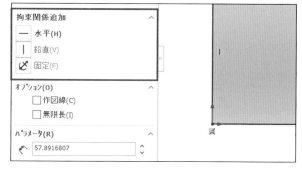

▶ 寸法拘束を付加する方法

要素をクリックします。

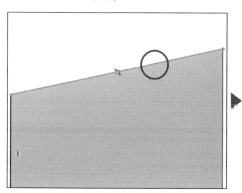

要素から少し離してクリックします。

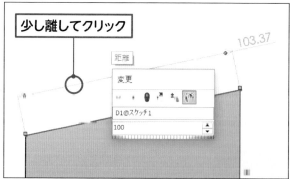

▶ 一つの要素に付加する

練習ファイル ▶ 03-04-01-a.sldprt　　完成ファイル ▶ 03-04-01-z.sldprt

一つの要素に付加する幾何拘束は、「水平」、「鉛直」、「固定」です。

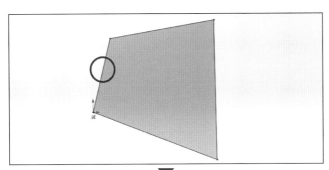

❶ [線]をクリックします。

👉 Point

線をクリックするときは、中点をクリックしないように注意してください。

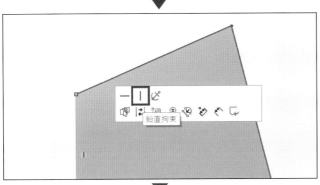

❷ [鉛直]をクリックします。

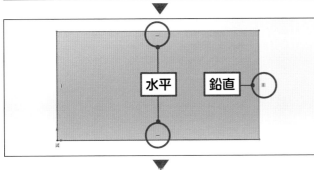

❸ 同様にして「水平」と「鉛直」を付加します。

❹ [端点]をクリックします。

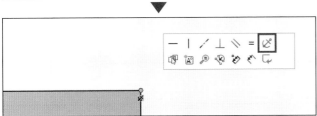

❺ [固定]をクリックします。

Chapter
3
スケッチを作成する

● 複数の要素に付加する 練習ファイル 03-04-02-a.sldprt 完成ファイル 03-04-02-z.sldprt

複数の要素に付加する拘束はさまざまなパターンがありますが、ここでは基本的な流れを理解しましょう。

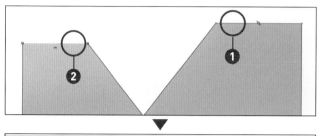

❶ Ctrl キーを押しながら、拘束を付ける線をクリックします❶❷。

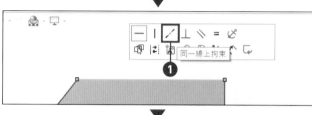

❷ [同一線上]をクリックします❶。Esc キーを押します。

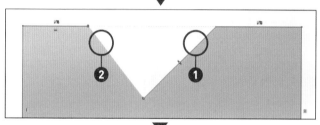

❸ Ctrl キーを押しながら、拘束を付ける線をクリックします❶❷。

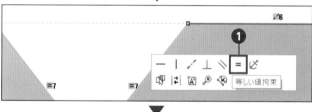

❹ [等しい値]をクリックします❶。Esc キーを押します。

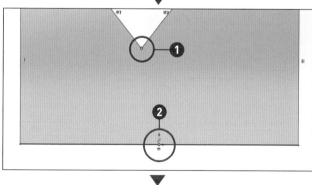

❺ Ctrl キーを押しながら[端点]をクリックし❶、[原点]をクリックします❷。

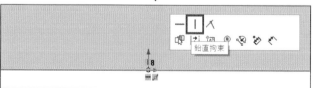

❻ [鉛直]をクリックします❶。

特殊な寸法拘束を付加する

ここでは、次の寸法の追加方法について練習を行います。SOLIDWORKS特有の方法なので、確実にマスターしましょう。

▶ 円弧と円弧の寸法

練習ファイル 03-04-03-01-a.sldprt　　完成ファイル 03-04-03-01-z.sldprt

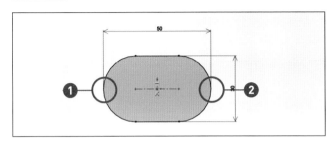

[スマート寸法]をクリックして実行します。Shiftキーを押しながら[円弧]をクリックし❶、[円弧]をクリックします❷。

▶ 中心線を使った直径（対称）寸法

練習ファイル 03-04-03-02-a.sldprt　　完成ファイル 03-04-03-02-z.sldprt

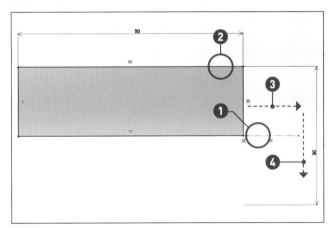

[スマート寸法]をクリックして実行します。[中心線]をクリックし❶、[線]をクリックします❷。マウスポインターを右へ移動し❸、「中心線」より下へ移動してクリックします❹。

▶ 傾斜した線に平行の長さ寸法

練習ファイル 03-04-03-03-a.sldprt　　完成ファイル 03-04-03-03-z.sldprt

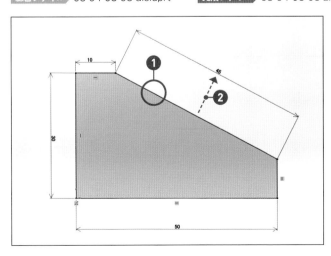

[スマート寸法]をクリックして実行します。[線]をクリックし❶、線に対し垂直な方向へマウスポインターを移動してクリックします❷。

幾何拘束の表示／非表示と削除

幾何拘束を付加すると、線分に拘束の記号が表示されます。拘束が増えると、記号も増えます。見づらくなることがあるので、適宜表示／非表示を切り替えましょう。また、前述したように幾何拘束によっては、寸法拘束ができない、あるいは拘束条件を変えたい場合には付加している拘束を削除しなければなりません。ここでは、幾何拘束の表示／非表示、削除の仕方について説明します。

▶ 表示 / 非表示の仕方

メニューの［表示］→［非表示 / 表示］→［スケッチ拘束］の順にクリックします。

● 幾何拘束が
　表示の状態

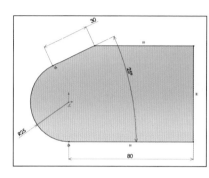
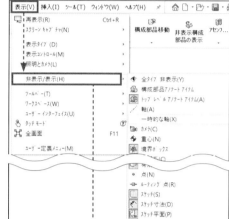

● 幾何拘束が
　非表示の状態

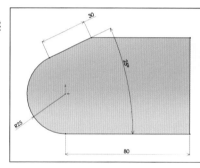
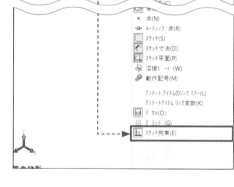

▶ 削除の仕方

次の手順で行います。また、幾何拘束記号をクリックして Delete キーを押しても削除できます。

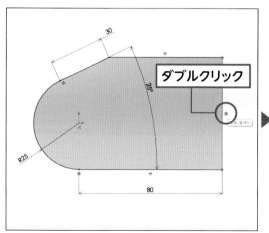

幾何拘束記号をダブルクリックします。または、線をクリックします。

幾何拘束名で右クリックし、［削除］をクリックします。

◉ 拘束の練習問題①

次のスケッチが完全定義になるように幾何拘束、寸法拘束を付加してください。また、必要な場合はスケッチの修正（線のトリムや延長など）を行ってください。

▶ 幾何拘束「水平」、「鉛直」

練習ファイル 03-04-05-01-a.sldprt　　**完成ファイル** 03-04-05-01-z.sldprt

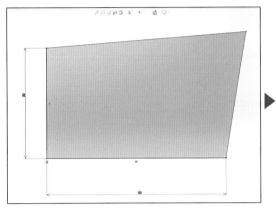 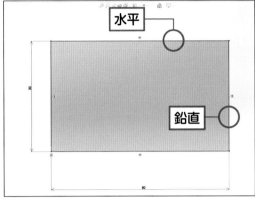

水平

鉛直

▶ 寸法拘束「角度」、「長さ」

練習ファイル 03-04-05-02-a.sldprt　　**完成ファイル** 03-04-05-02-z.sldprt

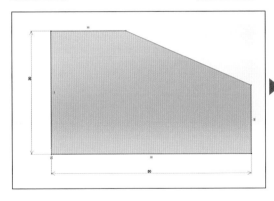 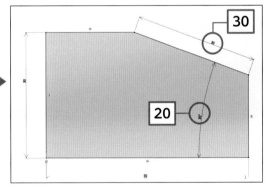

30

20

▶ スケッチ修正「トリム」、幾何拘束「正接」、寸法拘束「半径」

練習ファイル 03-04-05-03-a.sldprt　　**完成ファイル** 03-04-05-03-z.sldprt

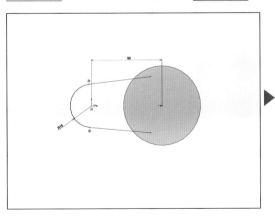 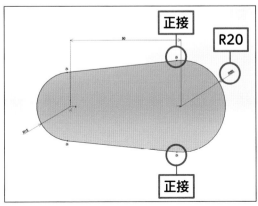

正接

R20

正接

● 拘束の練習問題②

次のスケッチが完全定義になるように幾何拘束、寸法拘束を付加してください。また、必要な場合はスケッチの修正(線の変更など)を行ってください。

▶ スケッチ修正「中心線」、幾何拘束「対称」、「等しい値」

練習ファイル 03-04-05-04-a.sldprt　**完成ファイル** 03-04-05-04-z.sldprt

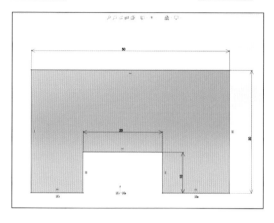 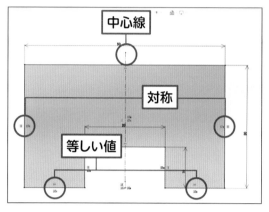

▶ 寸法拘束「直径(対称)」、幾何拘束「一致」

練習ファイル 03-04-05-05-a.sldprt　**完成ファイル** 03-04-05-05-z.sldprt

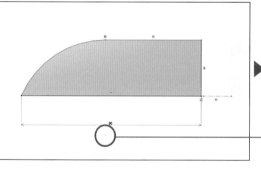 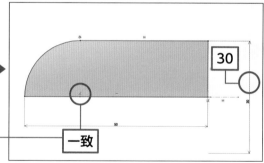

▶ スケッチ修正「作図線」、寸法拘束追加、幾何拘束「同一線上」

練習ファイル 03-04-05-06-a.sldprt　**完成ファイル** 03-04-05-06-z.sldprt

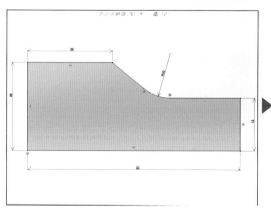 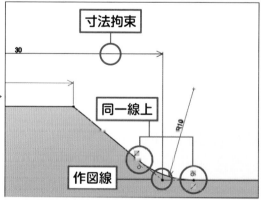

▶ 線をドラッグして確認する

スケッチは交差や隙間が無く、きちんと囲まれた領域でなければなりません。一見するとわからなくても、線をドラッグして動かすことによって、不具合を見つけることができます。スケッチに不安がある場合や完全定義にならない場合に行ってみるのも有効です。一例を下記に示します。

▶ ドラッグで確認する

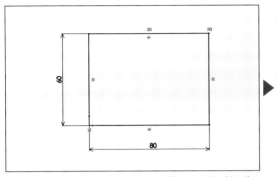 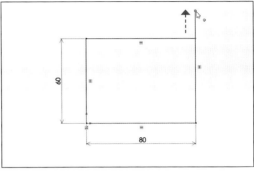

一見良さそうに見えるが、ドラッグすると線が伸びる

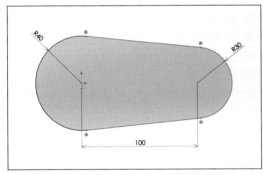 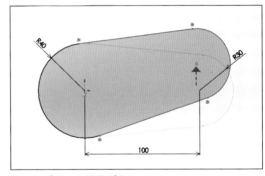

完全定義にならない　　　　　　　　　　ドラッグすると位置が変わる

📋 MEMO　線の重なりに注意

完全定義にならない原因でよくあるのが、線の重なりや分かれた線分です。線が重なっていたり、別れていたりする場合は、見た目にはなかなかわかりにくいので作成時には注意しましょう。

● 線の重なり　　　　　　　　　　　　● 別れた線分

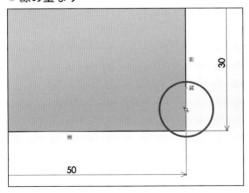 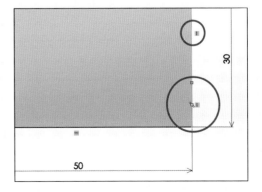

● エンティティ変換を理解する

エンティティ変換はエッジ、面、カーブまたは外部スケッチの輪郭などをスケッチ平面へ投影し、スケッチ線分として使用できる便利な機能です。エンティティ変換を使えば、直線や矩形、円などを描き、拘束を付加する作業が省略できます❶。たとえばパーツ作成時に対称の部位を作成する際、元フィーチャーの面をエンティティ変換し、スケッチとして取り込むことで対称フィーチャーの作成ができます❶。投影したエンティティはトリムしたり、延長したりするなどの編集も可能です❷。また、元フィーチャーの形状を変更するとエンティティ変換も同様に変更されます❸。エンティティ変換の具体的な作成例は、第6章のP.152や第7章のP.267で行っています。

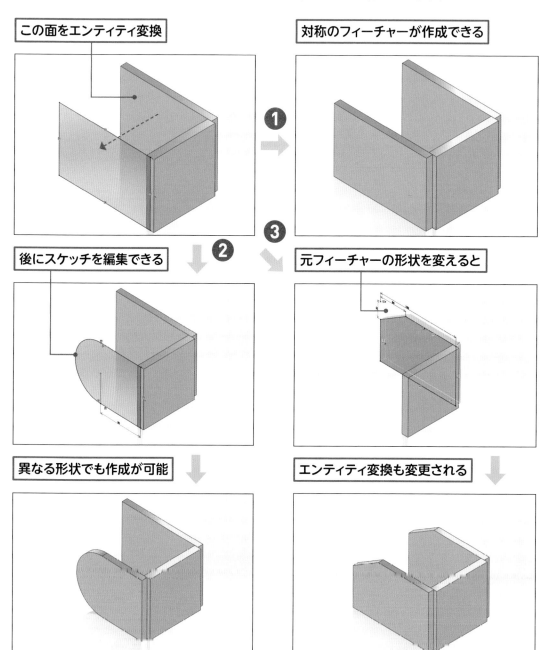

フィーチャーを作成する

SECTION

01

フィーチャーの基礎知識

ここでは、フィーチャーについて説明します。フィーチャー作成コマンドの中から押し出しフィーチャーを例に、作成と編集方法について説明します。押し出しフィーチャーは、最も基本的かつ一番作成頻度が高いのでしっかりとマスターしましょう。

● フィーチャーとは

フィーチャーは、立体をつかさどる3次元単位形状です。フィーチャーには2次元図形を元に立体化する「スケッチタイプ」と、既存の形状を加工する「配置タイプ」があります。ここでは、フィーチャーについて基礎知識を紹介します。

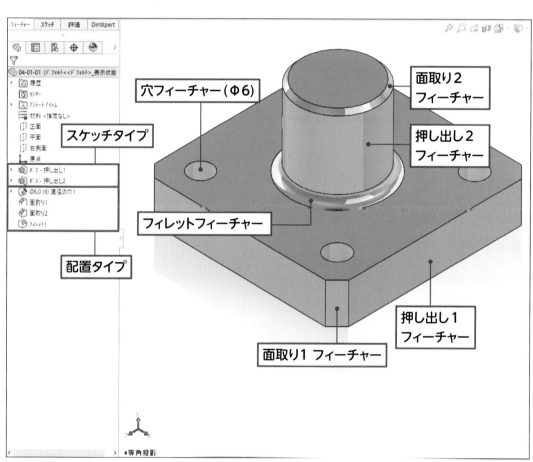

▶ 主なフィーチャーコマンド

フィーチャー作成コマンドには、「スケッチタイプ」と「配置タイプ」があります。

▶ スケッチタイプ

● 押し出し
　ボス / ベース

● 回転
　ボス / ベース

● スイープ

● ロフト

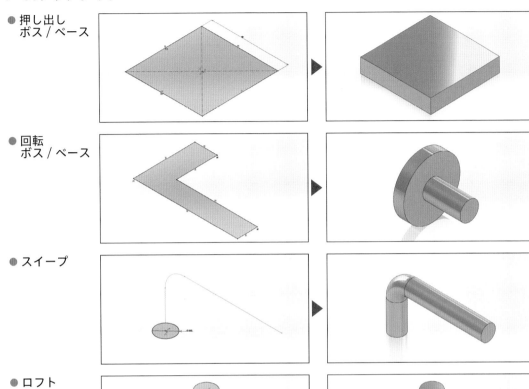

▶ 配置タイプ

● フィレット

● 面取り

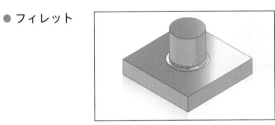

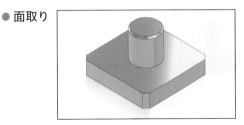

● 穴ウィザード

● シェル

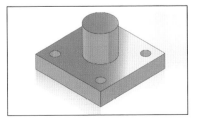

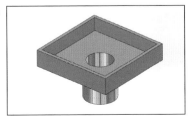

Chapter

4

フィーチャーを作成する

● フィーチャープロパティ

ここでは、代表的な押し出しフィーチャーの詳細設定について確認します。ほかのフィーチャーを
作成するときにもさまざまな設定があるので、それぞれのフィーチャーを作成する際に確認してみ
てください。より便利に、より効率的に作成できるかもしれません。

▶ 開始条件

フィーチャー作成開始位置を変更することができます。

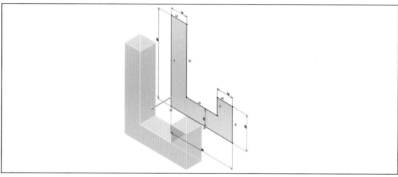

▶ 方向

フィーチャーの作成には、方向を指示する必要があります。

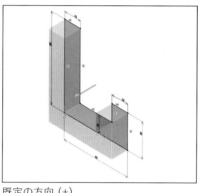

既定の方向 (+)

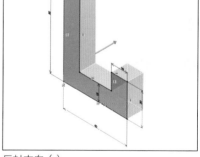

反対方向 (-)

▶ 二方向の距離指定

押し出しの際、二方向に違う値で距離を指定します。

● 方向 1 を 20mm にする

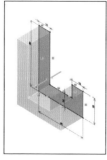

● 方向 2 を 50mm にする

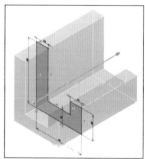

▶ 押し出し状態

フィーチャーをどのような状態で作成するかを決めます。

● ブラインド

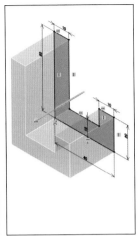

● 頂点指定

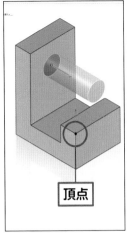

頂点

● 端サーフェス指定

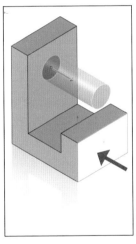

● 中間平面

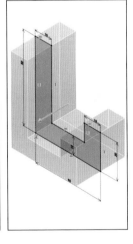

● 全貫通

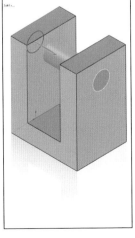

● 次のボディまで

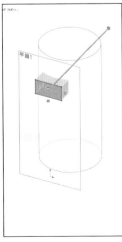

SECTION 02

参照ジオメトリ (平面) を活用する

ここでは、参照ジオメトリの中から「平面」の活用について説明します。参照ジオメトリを活用しなければ作成できない形状は多々あります。参照ジオメトリで一番よく使用するのが「平面」です。基本的な作成方法についてしっかりと覚えましょう。

▶ 参照ジオメトリとは

スケッチは平面でなければ作成することができません。たとえば円柱の場合、平面と曲面があります。曲面にフィーチャーを追加するには、スケッチを作成しなければなりません。曲面にスケッチを作成するため、あるいは空間に平面が無い場合、3次元CADでは仮の平面を作成します。仮の平面はCADによってさまざまな呼び方がありますが、SOLIDWORKSでは「参照平面」と呼びます。「参照平面」のほかに「参照軸」、「参照点」があり、これらをまとめて「参照ジオメトリ」といいます。

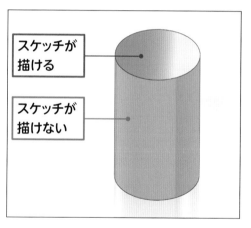

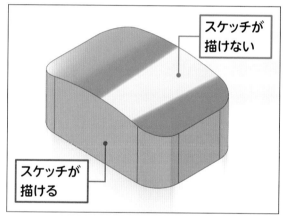

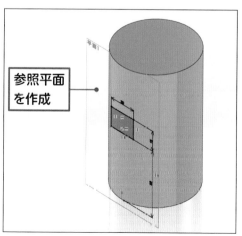

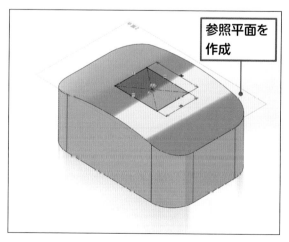

Chapter **4** フィーチャーを作成する

● 参照ジオメトリの種類

参照ジオメトリには、「参照平面」、「参照軸」、「参照点」があります。その主な作成例を紹介します。

▶ 参照平面

● 基準面から離れたところに作成

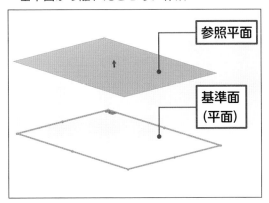

参照平面

基準面
（平面）

● 溝の中間に作成

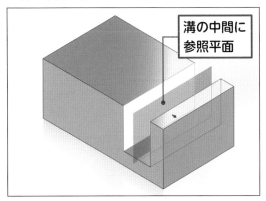

溝の中間に
参照平面

▶ 参照軸

● 曲面の中心に作成

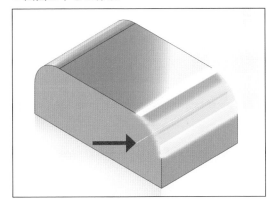

● 平面の端点と中点を通る軸を作成

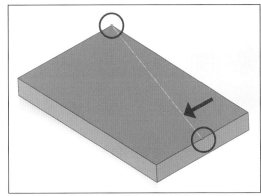

▶ 参照点

● 面の中心に作成

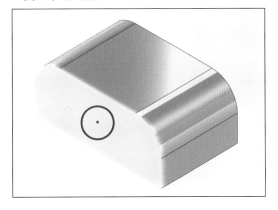

● 軸と平面の交点に作成

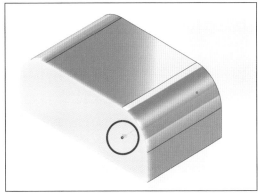

▶ 円柱に接する参照平面を作成する

練習ファイル 04-02-03-a.sldprt
完成ファイル 04-02-03-z.sldprt

円柱に接する参照平面の作成手順を確認しましょう。

❶ [参照ジオメトリ] → [平面] をクリック
します❶。

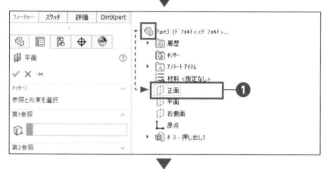

❷ ツリーを展開し、[正面] をクリックしま
す❶。

❸ 続けて [平行] をクリックします❶。

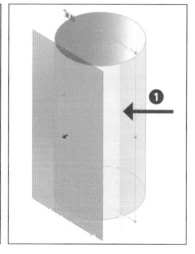

❹ [曲面] をクリックし❶、[OK] をクリッ
クします❷。

Chapter
4

フィーチャーを作成する

▶ 距離を入力して参照平面を作成する

練習ファイル ▶ 04-02-04-a.sldprt
完成ファイル ▶ 04-02-04-z.sldprt

距離を入力して参照平面を作成する手順を確認しましょう。

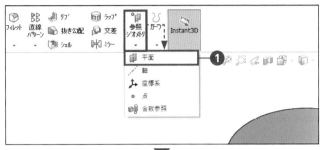

❶ [参照ジオメトリ] → [平面] をクリックします❶。

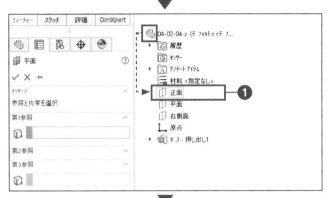

❷ ツリーを展開し、[正面] をクリックします❶。

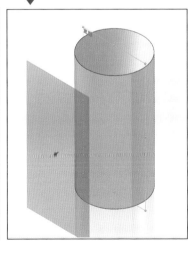

❸ オフセット距離に [70] と入力し❶、[OK] をクリックします❷。

📖 MEMO　参照平面を非表示にする

作成した参照平面を表示したままにしておくと、間違って選択してしまったりして作業に影響が出る場合があります。作成後は非表示にしましょう。参照平面はフィーチャーの一部なので、削除してはいけません。削除してしまうと、形状に影響が出るので気を付けてください。参照平面をクリックして、ショートカットの [非表示] をクリックすると非表示になります。

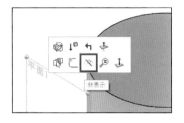

SECTION 03 モデルを編集する

ここでは、モデルの編集について説明します。基本的に部品モデルは、スケッチとフィーチャーの組み合わせでできています。編集をするには、それぞれの環境で行います。形状を修正、変更したいのがスケッチなのかフィーチャーなのかを判断できるようにしましょう。

▶ 編集作業について

ヒストリー型であるSOLIDWORKSでは、モデル作成時あるいは作成後に、履歴をもとに編集作業を行うことができます。編集は、スケッチまたはフィーチャーの環境で行います。また、必要に応じて履歴を入れ替えたりすることもできます。編集を行うと多数のエラーが出たり、なかなか思った形状にならなかったりするため、どうしても躊躇してしまいがちです。しかし、編集作業ができるようになると3次元CADの活用範囲が広がり、本来の導入目的が生かせるのです。編集作業が理解できるようになるには、一般的にかなりの経験が必要になります。ここでは、編集作業の第一歩として基礎的な編集の練習をしてみましょう。

▶ スケッチ編集

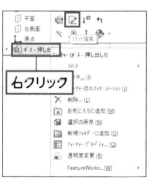
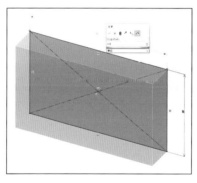

スケッチの編集では、寸法や幾何拘束の追加や削除、値の変更などを行うことができます。

スケッチ編集に入るには、ツリーのフィーチャー名の上で右クリックし、ショートカットの[スケッチ編集]をクリックします。

▶ フィーチャー編集

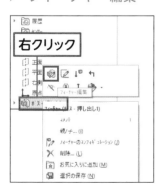
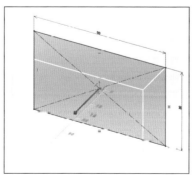

フィーチャー編集では立体化する範囲や方向、値などを修正、変更することができます。

フィーチャー編集に入るには、ツリーのフィーチャー名を右クリックし、ショートカットの[フィーチャー編集]をクリックします。

Chapter 4 フィーチャーを作成する

● スケッチを編集する

スケッチ編集を練習してみましょう。

▶ 編集内容①

練習ファイル 04-03-02-01-a.sldprt　完成ファイル 04-03-02-01-z.sldprt

横長さを50→80、縦長さを30→20にする。

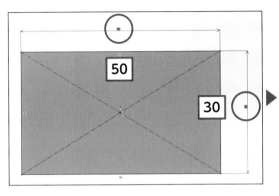 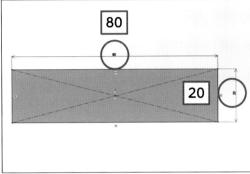

▶ 編集内容②

練習ファイル 04-03-02-02-a.sldprt　完成ファイル 04-03-02-02-z.sldprt

矩形中心点と原点との一致拘束（一致2）を削除し、あらたに矩形の左下点と一致する。

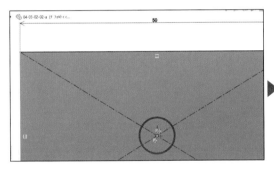 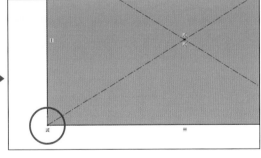

▶ 編集内容③

練習ファイル 04-03-02-03-a.sldprt　完成ファイル 04-03-02-03-z.sldprt

矩形の4隅にフィレット R5 を追加して形状を変更する。

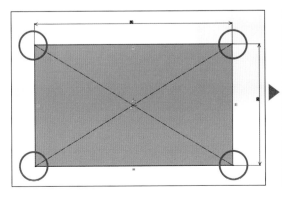 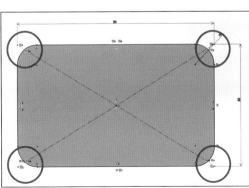

◉ フィーチャーを編集する

フィーチャー編集を練習してみましょう。

▶ 編集内容①

`練習ファイル` 04-03-03-01-a.sldprt　　　`完成ファイル` 04-03-03-01-z.sldprt

厚みを10→30、押し出し状態をブラインド→中間平面にする。

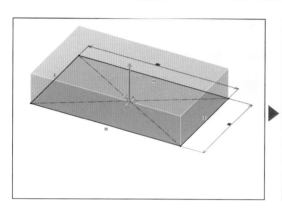 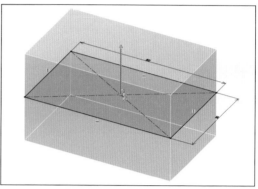

▶ 編集内容②

`練習ファイル` 04-03-03-02-a.sldprt　　　`完成ファイル` 04-03-03-02-z.sldprt

フィレットを削除し、面取り「5」に変更する。

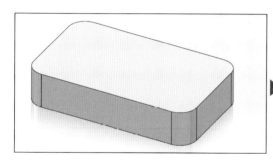 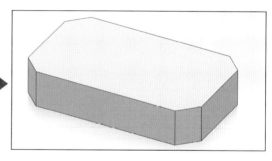

▶ 編集内容③

`練習ファイル` 04-03-03-03-a.sldprt　　　`完成ファイル` 04-03-03-03-z.sldprt

押し出し2の「結果のマージ」のチェックをはずす。

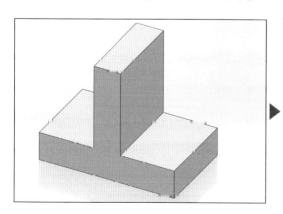 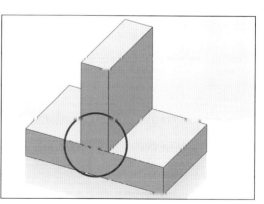

▶ 履歴を編集する

練習ファイル ▶ 04-03-04-a.sldprt　完成ファイル ▶ 04-03-04-z.sldprt

履歴編集を練習してみましょう。

❶練習ファイルを開きます。

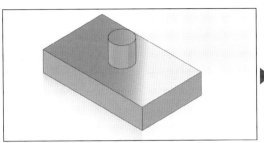

❷ツリーの「ロールバックバー」へマウスポインターを合わせ「手」の状態にします。

❸「ボス-押し出し2」の上へドラッグします。

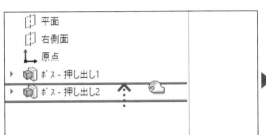

❹上面に直径「20」、厚み「10」でフィーチャーを追加します。

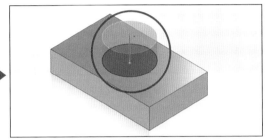

❺「ロールバックバー」を「ボス-押し出し2」の下へ移動します。

❻「ボス-押し出し2」を展開し、スケッチ2の上で右クリックし、「スケッチ平面編集」を選択します。

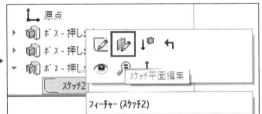

❼❹で追加したフィーチャーの上面をクリックして、[OK]をクリックします。

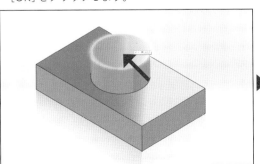

❽履歴の変更で形状が変わりました。

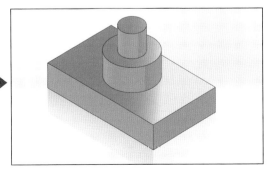

Chapter
4

フィーチャーを作成する

MEMO　マージについて

既定では、フィーチャーを追加していくと「結果のマージ」にチェックが付いているため、一体化したソリッドになります。フィーチャーをべつべつのソリッドにしたい場合は、「結果のマージ」のチェックをはずします。製造系では、主に溶接構成部品などを作成する場合に変更します。「結果のマージ」の設定は、図面にも影響がでます。特に2次元図面を見慣れた設計者にとっては、イメージが変わってしまうので注意が必要です。

● 「結果のマージ」にチェック有り

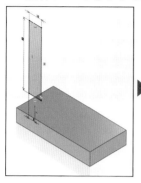  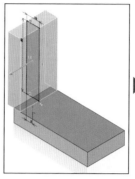 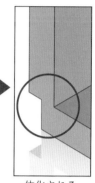

一体化される

図面化すると・・・

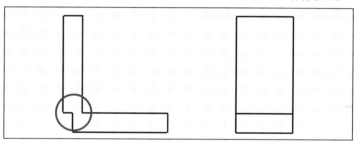

● 「結果のマージ」にチェック無し

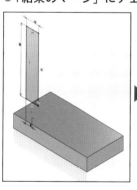  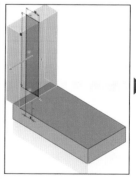 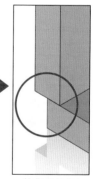

一体化されない

図面化すると・・・

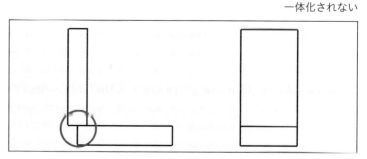

Chapter 5

パーツを作成する

01 PLATEを作成する

| サンプルファイル | 練習ファイル 05-01-a.sldprt | 完成ファイル 05-01-z.sldprt |

この節で行うこと

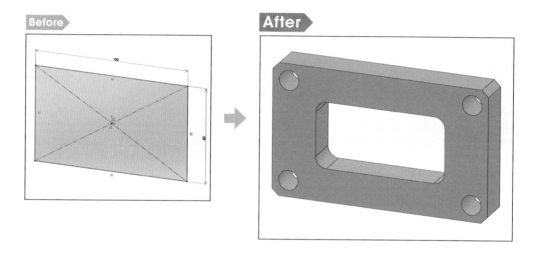

Before

After

ここでは、PLATEを作成しながらスケッチ（矩形コマンド）、フィーチャー（押し出し・押し出しカット・フィレット・面取り・穴ウィザード）などの基本的なフィーチャーを理解します。

▶ 基本フィーチャーを使用してPLATEを作成する

この節では、PLATEのパーツモデルを作成します。はじめにベースフィーチャーを作成します。矩形スケッチの作成後、拘束定義を行い、押し出しフィーチャーを使用します。3次元CADにおいて正しい形状を作成するためにはスケッチが非常に重要となるので、きちんと作成しましょう。次に、押し出しカットを使用して軽量穴を作成します。その後フィレット、面取りフィーチャーを追加する方法を理解します。最後に穴ウィザードを使って穴を作成します。穴ウィザードでの作成には位置を決めたり、タイプや径、深さなど複数の設定をしたりといったことが必要ですが、作成した穴は違うタイプの穴に容易に変更できる大変便利なフィーチャーです。それぞれのフィーチャー作成方法を理解し、PLATEを完成させましょう。

ベースフィーチャーを作成する

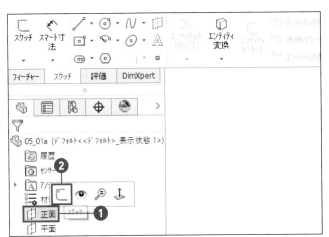

1 スケッチ環境にする

[正面]をクリックし❶、[スケッチ]をクリックします❷。

2 矩形中心に切り替える

[矩形コーナー]右の[▼]をクリックし❶、[矩形中心]をクリックします❷。

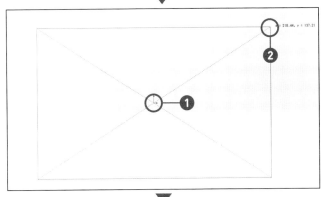

3 矩形を作成する

[原点]をクリックし❶、[2点目]付近をクリックします❷。

⊙Check

2点目はおおよその位置でかまいません。

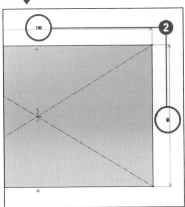

4 スマート寸法を追加する

[スマート寸法]をクリックし❶、矩形の「水平長さ」、「垂直長さ」を次のとおりに追加します❷。

水平長さ	100
垂直長さ	60

⊙Check

完全定義であることを確認しましょう。

Chapter
5
パーツを作成する

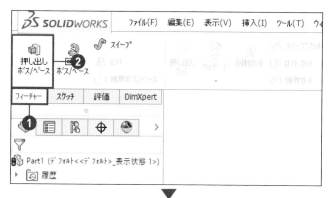

5 押し出しフィーチャーに切り替える

[フィーチャー]タブをクリックし**①**、[押し出し ボス/ベース]をクリックします**②**。

6 押し出しの設定をする

「押し出し状態」と「深さ / 厚み」を次のとおりに設定します**①**。

押し出し状態	ブラインド
深さ / 厚み	15

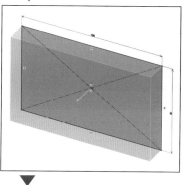

7 押し出しを完了する

[OK]をクリックします**①**。

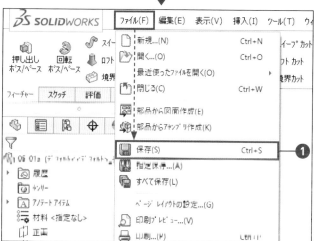

8 上書き保存する

[ファイル]→[保存]をクリックします**①**。

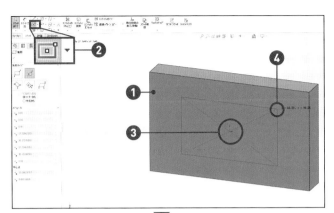

スケッチ環境にする

[面]をスケッチ面とし**①**、「矩形中心」をクリックします**②**。[原点]をクリックし**③**、[2点目]付近をクリックします**④**。

 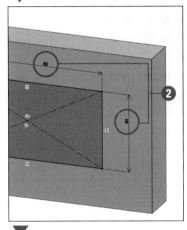

スマート寸法を追加する

[スマート寸法]をクリックし**①**、矩形の「水平長さ」、「垂直長さ」を次のとおりに追加します**②**。

水平長さ	60
垂直長さ	30

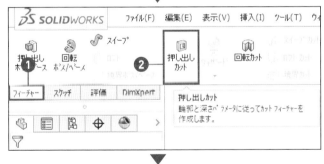

押し出しカットに切り替える

[フィーチャー]タブをクリックし**①**、[押し出しカット]をクリックします**②**。

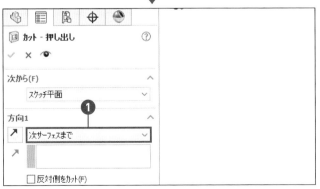

押し出しカットの設定をする

[押し出し状態]をクリックして、「次サーフェスまで」を選択します**①**。

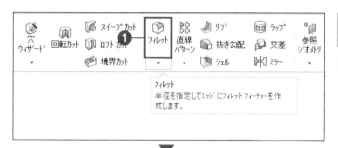

1 コマンドを実行する

[フィレット]をクリックします**❶**。

2 半径を入力する

フィレットの「半径」を次のとおりに入力します**❶**。

半径	5

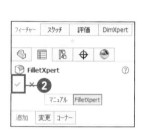

3 エッジを選択する

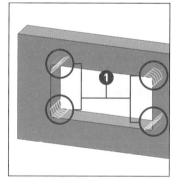

エッジ4か所をクリックして**❶**、[OK]をクリックします**❷**。

MEMO　選択ツールバー

フィレットフィーチャーでは、エッジをクリックすると「選択ツールバー」が表示されます。選択ツールバーのアイコンの上にマウスポインターを移動するとプレビューが表示され、必要な箇所にまとめて作成することができます。

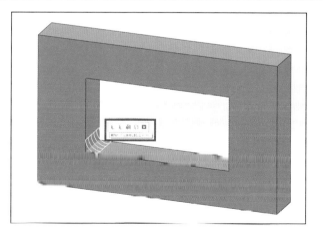

面取りを作成する

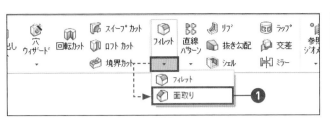

1 コマンドを実行する

[面取り]をクリックします❶。

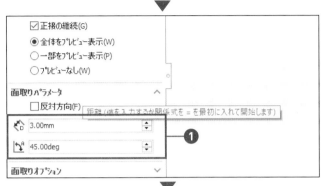

2 距離を入力する

面取りの「距離」と「角度」に次のとおりに入力します❶。

距離	3
角度	45

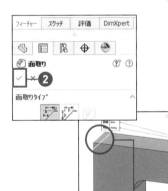

3 エッジを選択する

エッジ4か所をクリックして❶、[OK]をクリックします❷。

📷 MEMO　**面取りフィーチャーのタイプ**

面取りフィーチャーの作成方法には、4つのタイプがあります。
それぞれの作成条件に合わせて使い分けましょう。

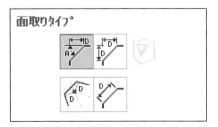

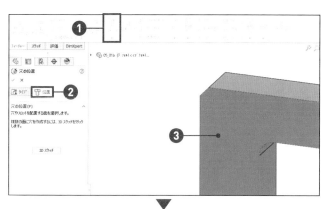

1 穴を作成する面を指定する

[穴ウィザード]をクリックし❶、[位置]タブをクリックします❷。続けて、穴をあける[面]をクリックします❸。

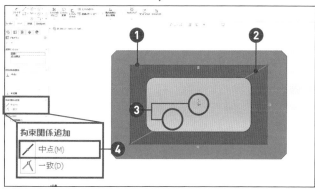

2 矩形を描く

[矩形コーナー]で矩形を描き❶、[直線]で矩形に対角線を描きます❷。Ctrl キーを押しながら対角線と原点をクリックして選択し❸、[中点]をクリックします❹。

▶ Point

> 対角線を描いたら一度 Esc キーを押し、選択状態を解除してください。

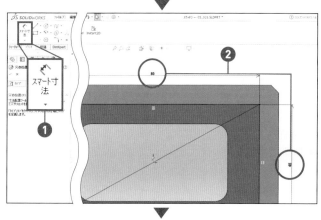

3 矩形に寸法を追加する

[スマート寸法]をクリックし❶、手順 2 で描いた矩形の「水平長さ」と「垂直長さ」を次のとおりに追加します❷。

水平長さ	85
垂直長さ	45

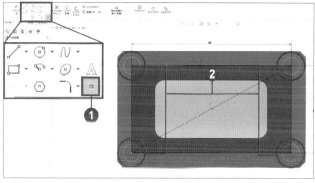

4 穴位置を決める

[点]をクリックし❶、矩形の4隅をそれぞれクリックします❷。

① Check

> 使用環境によって、プレビューが画像と異なる場合があります。

Chapter 5

パーツを作成する

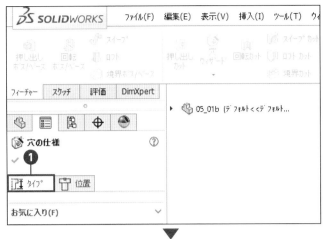

5 タブを切り替える

[タイプ] タブをクリックします❶。

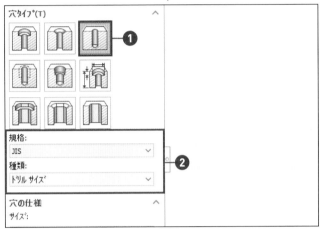

6 タイプを設定する

[穴] をクリックし❶、「規格」と「種類」を次
のとおりに設定します❷。

規格	JIS
種類	ドリルサイズ

7 穴の仕様を設定する

「サイズ」を次のとおりに設定します❶。

サイズ	Φ9

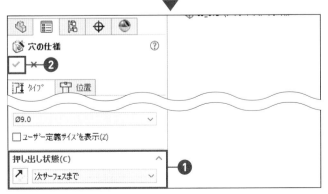

8 押し出し状態を設定する

「押し出し状態」を次のとおりに設定します
❶。[OK] をクリックします❷。

押し出し状態	次サーフェスまで

SECTION

02

BUSHを作成する

サンプルファイル 　練習ファイル▶ 05-02-a.sldprt　 完成ファイル▶ 05-02-z.sldprt

この節で行うこと

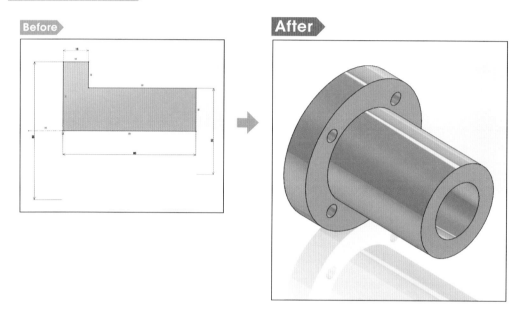

Before

After

ここではBUSHを作成しながらスケッチ（直線コマンド）、フィーチャー（回転・回転カット・パターン）
など基本的なフィーチャーを理解します。

▶ 基本フィーチャーを使用してBUSHを作成する

この節では、BUSHのパーツモデルを作成します。はじめにベースフィーチャーを作成します。「直
線」と「中心線」を使って半断面スケッチを作成後、拘束定義を行い、回転フィーチャーを使用しま
す。回転フィーチャーで作成するためのスケッチは半断面で作成するのがポイントです。全断面で
作成しないように注意しましょう。また、直径（対称）寸法の入力の仕方が特徴的なのでしっかりと
覚えましょう。

次に、回転カットを使用して軸用の穴を作成します。その後、穴ウィザードによりベースとなる穴
を1つ作成します。続いて、回転パターンフィーチャーにより穴を複写して4つにします。パター
ンフィーチャーを作成するにはベースとなる穴を先に作成します。これを「シードフィーチャー」と
いいます。シードフィーチャーはアセンブリでボルトを組み付ける際、親となるので覚えておいて
ください。

Chapter

5

パーツを作成する

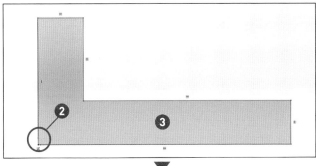

1 スケッチ環境にする

[正面]をクリックし❶、[スケッチ]をクリックします❷。

2 半断面を作成する

[直線]をクリックします❶。[原点]をクリックし❷、ラフスケッチを作成します❸。

📢Point

スケッチは半断面で作成します。

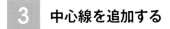

3 中心線を追加する

[直線]右の[▼]をクリックし❶、[中心線]をクリックします❷。[原点]をクリックして❸、水平に中心線を作成します❹。

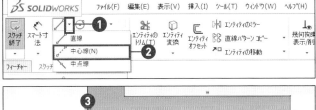

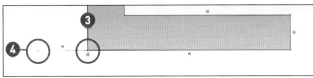

4 拘束を追加する

[スマート寸法]をクリックし❶、各寸法を次のとおりに追加します。

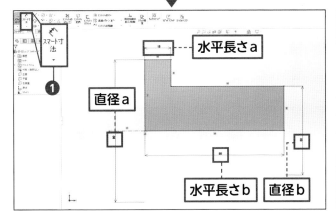

水平長さ a	15	直径 a	80
水平長さ b	80	直径 b	50

⚠Check

直径 a、b の作成方法は、P.65 を参照してください。

Chapter
5
パーツを作成する

5 回転フィーチャーに切り替える

「フィーチャー]タブをクリックし❶、［回転 ボス/ベース］をクリックします❷。

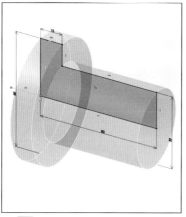

6 回転の設定をする

「回転軸」と「方向1角度」を次のとおりに設定します❶。

回転軸	直線7（中心線）
方向1角度	360

⚠ Check

直線7は、作成の順序によって別の数字になっている場合があります。

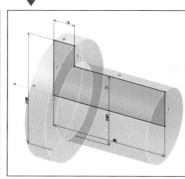

7 回転を完了する

[OK]をクリックします❶。

📋 MEMO　回転軸の自動選択

回転フィーチャーでは「回転軸」を指定する必要がありますが、スケッチに中心線を作成しておくと「回転軸」が自動的に選択されます。

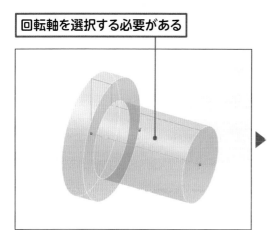

回転軸を選択する必要がある

回転軸は自動的に選択される

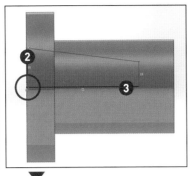

1 半断面スケッチを作成する

[正面]をスケッチ面とし、[直線]をクリックします❶。続いて[原点]をクリックし❷、ラフスケッチを作成します❸。

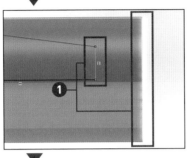

2 幾何拘束を追加する

Ctrl キーを押しながら、スケッチの[直線]とベースフィーチャーの[エッジ]をクリックします❶、[同一線上]をクリックします❷。

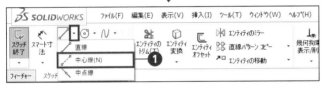

3 中心線を追加する

[中心線]をクリックします❶。[原点]をクリックし❷、水平に中心線を作成します❸。

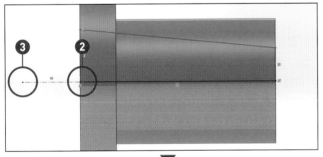

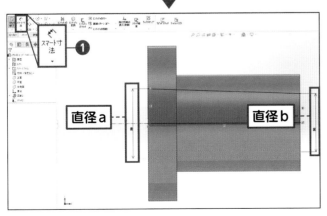

4 スマート寸法を追加する

[スマート寸法]をクリックします❶。直径寸法を次のとおりに追加します。

直径 a	36
直径 b	30

⊙Check

寸法の2点目は直線ではなく、直線の交点をクリックします。

Chapter
5
パーツを作成する

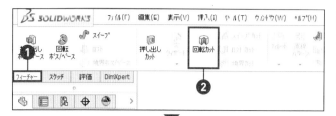

5 回転カットフィーチャーに切り替える

[フィーチャー]タブをクリックし①、[回転カット]をクリックします②。

6 回転の設定をする

「回転軸」と「方向1角度」を次のとおりに設定します①。

回転軸	直線7（中心線）
方向1角度	360

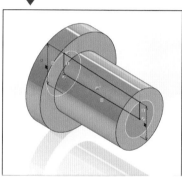

7 回転を完了する

[OK]をクリックします①。

📋 MEMO　スマート寸法の入力による違い

スマート寸法を追加する際に、「端点を選択」した場合と「線分を選択」した場合では違いがあります。直線に「水平」拘束が付いていない場合は次のようになります。

● 端点でスマート寸法を追加した場合

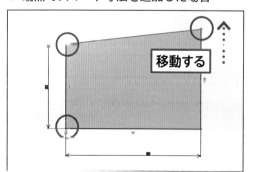

移動する

● 線分でスマート寸法を追加した場合

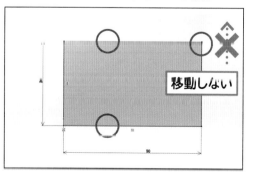

移動しない

Chapter 5
パーツを作成する

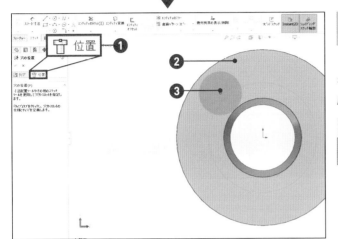

1 コマンドを実行する

[穴ウィザード]をクリックします❶。

2 穴の中心点を作成する

[位置]タブをクリックします❶。表示方向を[左側面]にして[面]をクリックし❷、再度[面]をクリックします❸。

ⓘ Check

❸を「中心点」とします。

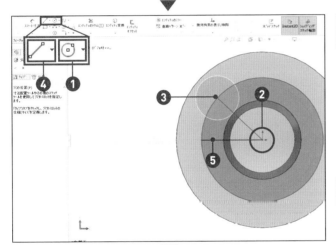

3 円と直線を追加する

[円]をクリックします❶。[原点]をクリックし❷、[中心点]をクリックします❸。続いて[直線]をクリックします❹。再び[中心点]をクリックし❸、[原点]をクリックし❷、水平に直線を作成します❺。

ⓘ Check

P.51 も参照してください。

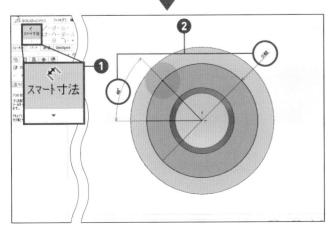

4 寸法を追加する

[スマート寸法]をクリックします❶。線の「角度」と円の「直径」を次のとおりに追加します❷。

角度	45
直径	62

Chapter
5
パーツを作成する

5 穴のタイプを設定する

[タイプ]タブをクリックし❶、[穴]をク
リックします❷。

6 規格と種類を設定する

「規格」と「種類」を次のとおりに設定します
❶。

規格	JIS
種類	ドリルサイズ

7 穴の仕様を設定する

「サイズ」を次のとおりに設定します❶。

サイズ	Φ7

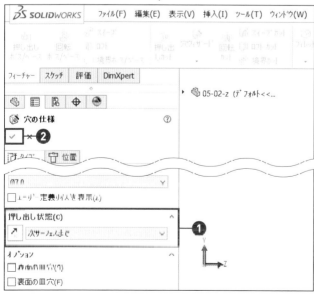

8 押し出し状態を設定する

「押し出し状態」を次のとおりに設定し❶、
[OK]をクリックします❷。

押し出し状態	次サーフェスまで

⚠ Check

これを「シードフィーチャー」といいます。

円形パターンで複写する

1 円形パターンに切り替える

「直線パターン」下の[▼]をクリックし❶、[円形パターン]をクリックします❷。

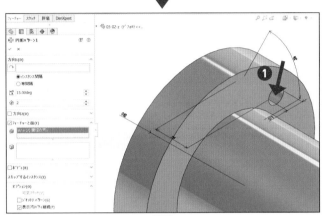

2 フィーチャーを選択する

作成した[穴の内面]をクリックします❶。

👉Point

選択する際はエッジではなく、内面をクリックします。

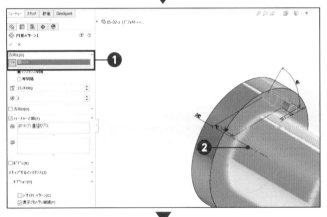

3 軸を設定する

[パターン軸]ボックスをクリックし❶、ベースフィーチャーの[円柱面]をクリックします❷。

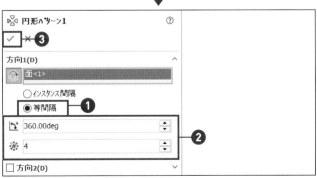

4 穴を4つに複写する

「等間隔」のラジオボタンをクリックし❶、「角度」と「インスタンス数」に次のとおりに入力します❷。[OK]をクリックします❸。

角度	360
インスタンス数	4

SECTION

03

ボンド容器を作成する

サンプルファイル　練習ファイル ▶ 05-03-a.sldprt　完成ファイル ▶ 05-03-z.sldprt

この節で行うこと

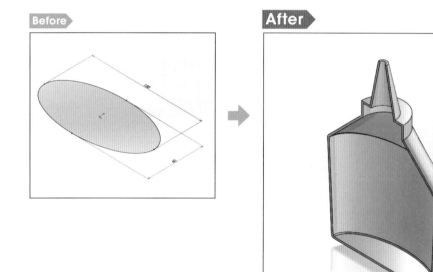

Before

After

ここでは、ボンド容器を作成しながら楕円スケッチコマンド、ロフトとシェルフィーチャーの基本操作を理解します。

● 基本フィーチャーを使用してボンド容器を作成する

この節では、ボンド容器のパーツモデルを作成します。主な形状はロフトフィーチャーを使用します。はじめに「ロフト」でボディ部分を作成します。まず、「楕円」スケッチと「ガイドカーブ」を作成します。ロフトフィーチャーは、形状の違う2つ以上の断面スケッチをつないでソリッド化します。スケッチだけでは作成時にねじれが生じたり、ふくらみが生じたりすることがあるため「ガイドカーブ」を作成して、形状をコントロールします。ガイドカーブには作成の条件があるので確認しましょう（P.108参照）。途中「押し出し」や「フィレット」なども含めながらボンド容器の外形状を作成します。外形状ができたら、シェルフィーチャーで均一に薄肉化します。薄肉化すると内部は空洞になります。その状況を「断面表示」をして視覚的に確認します。

STEP 1 ボディの断面スケッチを作成する

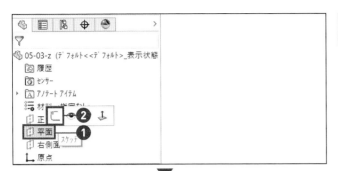

1 スケッチ環境にする

[平面]をクリックし❶、[スケッチ]をクリックします❷。

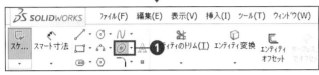

2 楕円を作成する

[楕円]をクリックします❶。[原点]をクリックし❷、[2点目]付近❸、[3点目]付近❹の順にクリックします。

⚠Check

形は画像を確認してください。

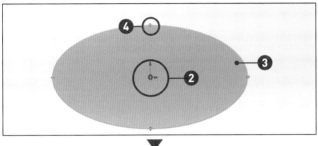

3 水平拘束を付加する

Ctrl キーを押しながら、[原点]をクリックし❶、[点]をクリックします❷。続いて[水平]をクリックします❸。

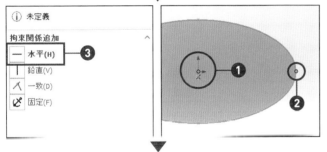

4 寸法を追加する

[スマート寸法]をクリックします❶。「長軸寸法」と「短軸寸法」を次のとおりに追加し❷、[再構築]をクリックします❸。

長軸寸法	120
短軸寸法	60

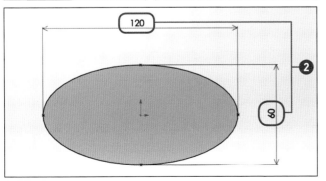

Chapter 5 パーツを作成する

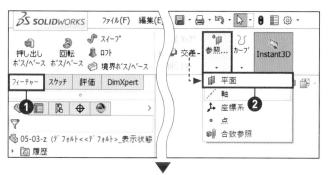

5 参照平面に切り替える

［フィーチャー］タブをクリックし❶、［参照ジオメトリ］→［平面］をクリックします❷。

6 基準面を指定する

ツリーを展開し、［平面］をクリックします❶。

⊘Check

フィーチャーコマンドの実行中、ツリーはグラフィックス領域に移動します。

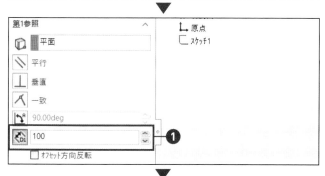

7 オフセット距離を入力する

「オフセット距離」に次のとおりに入力します❶。

オフセット距離	100

8 平面1の完成

［OK］をクリックします❶。

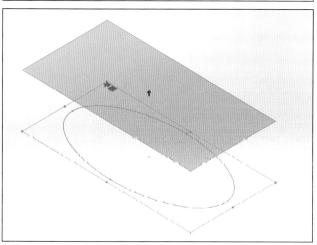

Chapter
5
パーツを作成する

9 スケッチ環境にする

[スケッチ]タブをクリックし❶、[スケッチ]をクリックします❷。

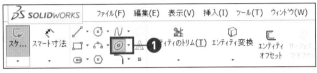

10 楕円を作成する

[楕円]をクリックします❶。[原点]をクリックし❷、[2点目]付近❸、[3点目]付近❹の順にクリックします。

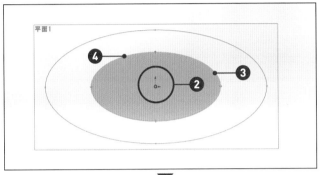

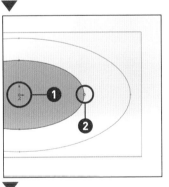

11 水平拘束を付加する

[Ctrl]キーを押しながら、[原点]をクリックし❶、[点]をクリックします❷。続いて[水平]をクリックします❸。

12 寸法を追加する

[スマート寸法]をクリックします❶。手順10で描いた楕円の「長軸寸法」と「短軸寸法」を次のとおりに追加し❷、[再構築]をクリックします❸。

長軸寸法	130
短軸寸法	70

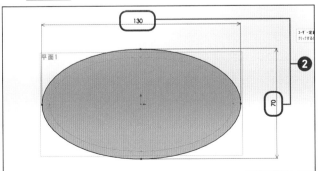

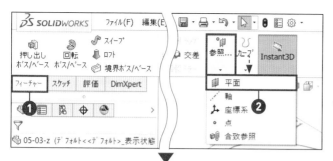

13 参照平面に切り替える

[フィーチャー] タブをクリックし❶、[参照ジオメトリ]→[平面]をクリックします❷。

14 基準面を指定する

ツリーを展開し、[平面]をクリックします❶。

⊙Check

「平面1」はP.104で作成した平面ですが、作成の仕方によって番号が違う場合があります。その場合は、置き換えて進めてください。

15 オフセット距離を入力する

「オフセット距離」に次のとおりに入力します❶。

オフセット距離	40

16 平面2の完成

[OK]をクリックします❶。

☞Point

Esc キーは押さないでください。

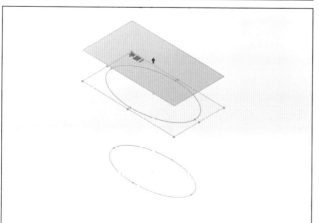

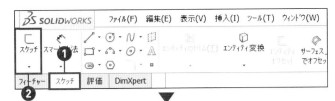

17 スケッチ環境にする

[スケッチ]タブをクリックし❶、[スケッチ]をクリックします❷。

18 円を作成する

[円]をクリックします❶。[原点]をクリックし❷、[2点目]付近をクリックします❸。

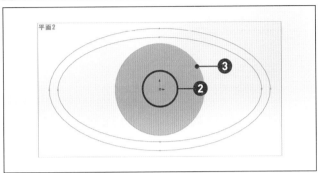

19 寸法を追加する

[スマート寸法]をクリックし❶、円の「直径」を次のとおりに追加します❷。

直径	50

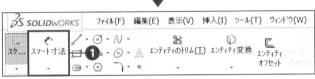

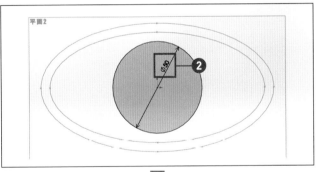

20 再構築する

[再構築]をクリックします❶。

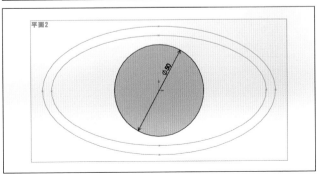

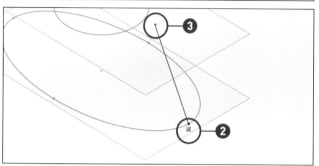

1 直線を作成する

［正面］をスケッチ面とし、［直線］をクリックします❶。平面1の楕円内の［点］をクリックし❷、［2点目］付近をクリックします❸。

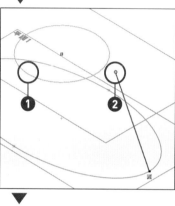

2 幾何拘束を追加する

Ctrl キーを押しながら、［円］をクリックし❶、［直線の端点］をクリックします❷。続けて［貫通］をクリックします❸。

3 再構築する

［再構築］をクリックします❶。

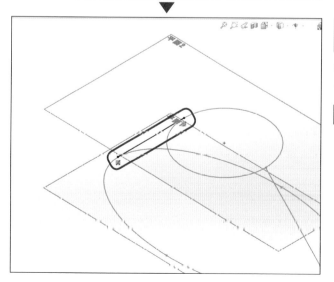

4 反対側のガイドカーブを作成する

手順 1 ～ 3 を参考に、反対側の「ガイドカーブ」を作成します。

Point

ガイドカーフを描いたら［再構築］をクリックして、べつべつのスケッチで作成します。

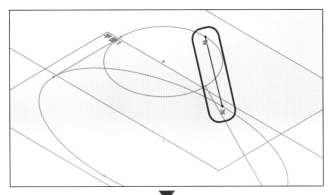

5 右側面にガイドカーブを作成する

［右側面］をスケッチ面とし、手順 1 ～ 3 を参考に、「ガイドカーブ」を作成します。

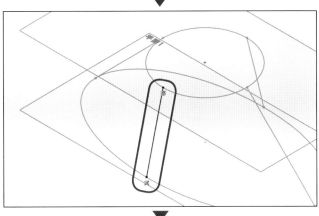

6 反対側にガイドカーブを作成する

同様に、反対側にも「ガイドカーブ」を作成します。

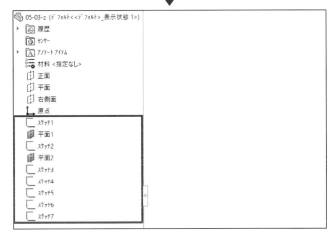

7 ツリーを確認する

「ツリー」には「平面」が2つ、「スケッチ」が7つできています。

📖 MEMO ガイドカーブの確認

ガイドカーブを正面と右側面から見て、正しくできているか確認しましょう。

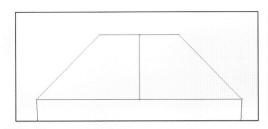
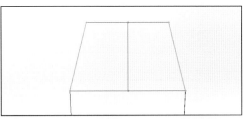

1 ロフトに切り替える

[フィーチャー]タブをクリックし❶、[ロフト]をクリックします❷。

2 輪郭を選択する

楕円内の[点]をそれぞれクリックし❶❷、[OK]をクリックします❸。

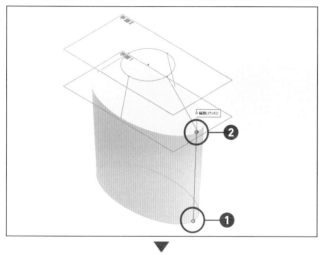

3 ロフトを実行する

[ロフト]をクリックします❶。

4 輪郭を選択する

[楕円]をクリックし❶、[円]をクリックします❷。

① Check

クリックする場所は問いません。

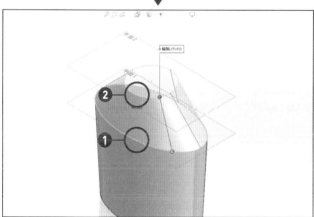

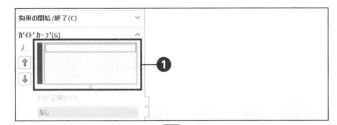

5 ガイドカーブの選択を 有効にする

ガイドカーブの[ボックス]をクリックします**①**。

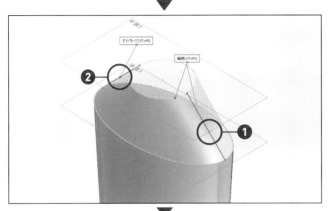

6 ガイドカーブを選択する

「正面」のガイドカーブをクリックします**①②**。

☞ Point

選択順は関係ありません。

7 ガイドカーブを選択する

続けて、「右側面」のガイドカーブをクリックし**①②**、[OK]をクリックします**③**。

⚠ Check

平面は非表示にしておきましょう。

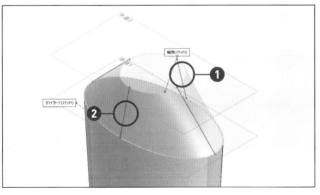

📋 MEMO　ロフトのガイドカーブ

ガイドカーブを作成した場合と作成しない場合では、形状が異なることがわかります。必要に応じてガイドカーブを作成しましょう。

● ガイドカーブあり

● ガイドカーブなし

STEP 4 円柱部分を作成する

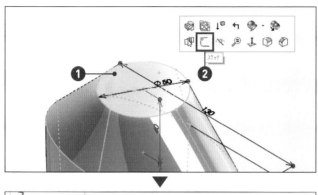

1 スケッチ環境にする

[面]をクリックし❶、[スケッチ]をクリックします❷。

2 エンティティ変換する

[エンティティ変換]をクリックします❶。

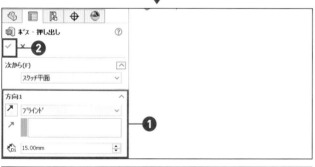

3 押し出しに切り替える

[フィーチャー]タブをクリックし❶、[押し出し ボス/ベース]をクリックします❷。

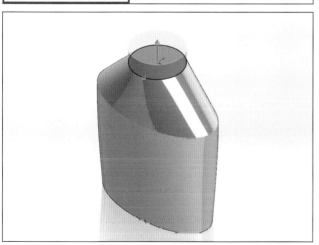

4 押し出しの設定をする

「押し出し状態」と「深さ／厚み」を次のとおりに設定し❶、[OK]をクリックします❷。

押し出し状態	ブラインド
深さ／厚み	15

Chapter
5

パーツを作成する

1 スケッチの環境にする

「面」をクリックし❶、[スケッチ]をクリックします❷。

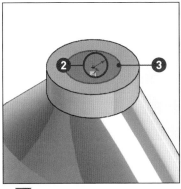

2 円を作成する

[円]をクリックします❶。[原点]をクリックし❷、[2点目]付近をクリックします❸。

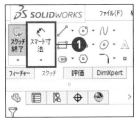
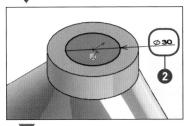

3 寸法を追加する

[スマート寸法]をクリックし❶、円の直径を次のとおりに追加します❷。

直径	30

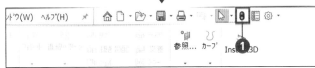

4 再構築する

[再構築]をクリックします❶。

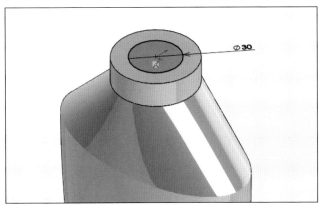

5 参照平面に切り替える

[参照ジオメトリ]→[平面]をクリックします❶。

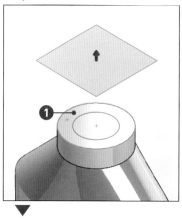

6 平面を作成する

[面]をクリックし❶、「オフセット距離」に次のとおりに入力し❷、[OK]をクリックします❸。

オフセット距離	50

☞Point

Esc キーは押さないでください。

7 スケッチ環境にする

[スケッチ]タブをクリックし❶、[スケッチ]をクリックします❷。

①Check

参照平面が選択されていることを確認しましょう。

8 円を作成する

[円]をクリックします❶。[原点]をクリックして❷、[2点目]付近をクリックします❸。円の直径を次のとおりに追加し❹、[再構築]をクリックします❺。

直径	10

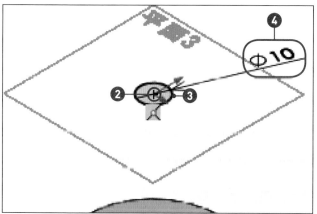

STEP 6 ▷ **円を分割する**

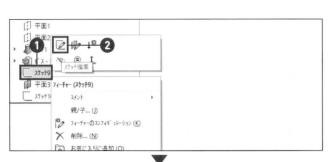

1 スケッチを 編集環境にする

ツリーの[スケッチ9]を右クリックし❶、
[スケッチ編集]をクリックします❷。

ⓘ Check

スケッチ9は、P.113で作成したものです。

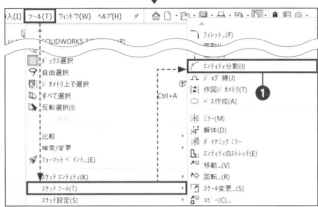

2 エンティティ分割を 実行する

[ツール]→[スケッチツール]→[エンティ
ティ分割]の順にクリックします❶。

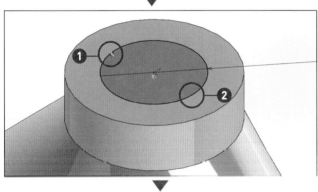

3 分割点を作成する

[円]の上2箇所をクリックします❶❷。

ⓘ Check

クリックする場所は、画像を参考におおよそ
の位置でかまいません。

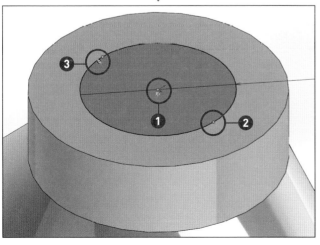

4 点を選択する

Ctrl キーを押しながら、[原点]とそれぞれ
の[点]をクリックします❶❷❸。

Chapter
5
パーツを作成する

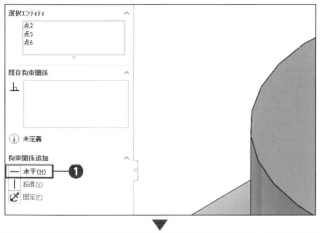

5 水平に拘束する

[水平]をクリックします**❶**。

! Check

完全定義になっていることを確認してください。

6 再構築する

[再構築]をクリックします**❶**。

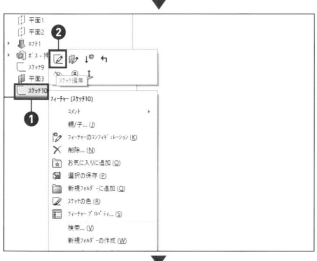

7 スケッチを編集環境にする

[スケッチ10]で右クリックし**❶**、[スケッチ編集]をクリックします**❷**。

! Check

スケッチ10は、P.114で作成したものです。

8 円を分割する

手順**❷**～**❺**を参考に「円」を分割し**❶**、[再構築]をクリックします**❷**。

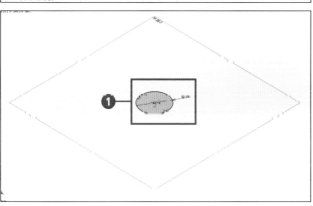

Chapter 5 パーツを作成する

ロフトでノズルを作成する

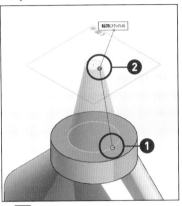

1 ロフトに切り替える

[フィーチャー] タブをクリックし❶、[ロフト] をクリックします❷。

2 分割点を選択する

[分割点] をクリックし❶❷、[OK] をクリックします❸。

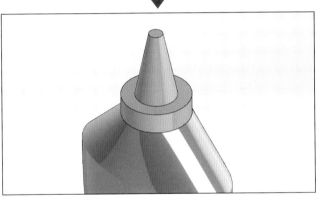

3 ノズルの完成

ノズルの完成です。

(!)Check

参照平面は非表示にしておきましょう。

MEMO　円の分割点

円に分割点を作成しないと、輪郭の選択時にクリックした場所によってねじれが生じてしまうことがあります。そのため、分割点の代わりにガイドカーブを作成してもよいでしょう。

● 分割点を作成した場合　　● 分割点を作成しない場合

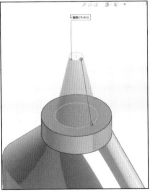
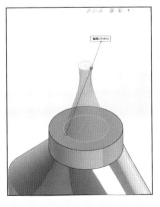

Chapter 5 パーツを作成する

STEP 8 ▷ フィレットを作成する

1 フィレットに切り替える

[フィレット]をクリックします❶。

2 半径を設定する

「半径」に次のとおりに入力します❶。

半径	3

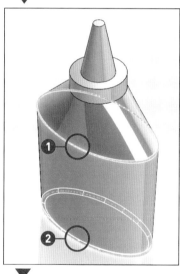

3 エッジを選択する

楕円の[エッジ]をクリックし❶❷、[OK]をクリックします❸。

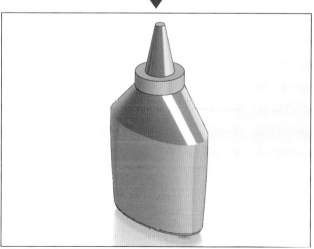

4 外形の完成

ボンド容器の外形が完成します。

1 シェルに切り替える

[シェル]をクリックします**❶**。

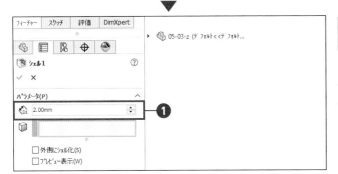

2 厚みを設定する

「厚み」に次のとおりに入力します**❶**。

厚み	2

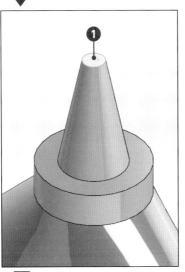

3 削除する面を設定する

ノズルの上面をクリックし**❶**、[OK]をク
リックします**❷**。

⏺Check

> 面の選択を間違えた場合は、「削除する面」
> ボックスで右クリックして、[削除]か[選
> 択解除]をクリックします。

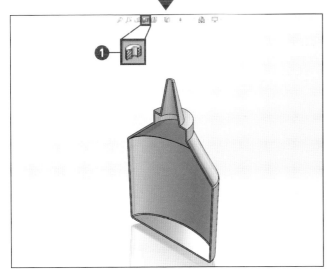

4 内部を確認する

[断面表示]をクリックし**❶**、[OK]をク
リックします。内部が空洞になっているこ
とが確認できます。

⏺Check

> 再度「断面表示」をクリックすると、断面表
> 示が解除されます。

SECTION

04 取手を作成する

サンプルファイル　練習ファイル ▶ 05-04-a.sldprt　完成ファイル ▶ 05-04-z.sldprt

この節で行うこと

Before

After

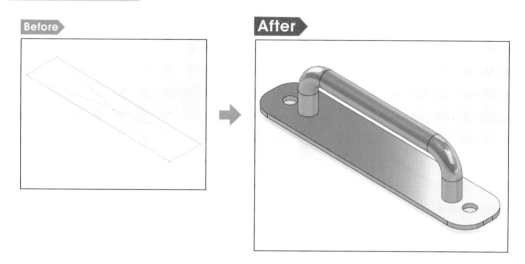

ここでは、取手を作成しながらスイープフィーチャーの基本的な作成方法を理解します。スイープフィーチャーには、2つのスケッチが必要であることを頭に入れて練習しましょう。

▶ 基本フィーチャーを使用して取手を作成する

この節では、取手のパーツモデルを作成します。はじめにベースフィーチャーを作成します。矩形スケッチの作成後、拘束定義を行い、押し出しフィーチャーを使用します。次に、スイープフィーチャーで取手部分を作成します。スイープフィーチャーの作成には、2つのスケッチが必要です。1

つは「パス」、もう1つは「輪郭」です。同じスケッチに作成しないように注意しましょう。また、「パス」と「輪郭」は、交差していないと作成できません（右図参照）。交差する2つのスケッチの作成方法を理解します。続いて穴ウィザードを使って穴を作成します。ここでは、対称の条件で穴位置を決める方法を学びます。最後にフィレットを作成して取手を完成します。

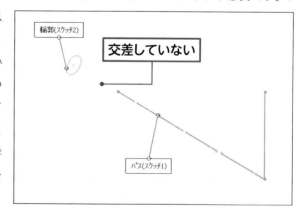

輪郭(スケッチ2)
交差していない
パス(スケッチ1)

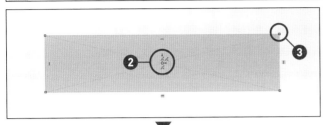

1 矩形を作成する

[平面]をスケッチ面とし、[矩形中心]をクリックします❶。[原点]をクリックし❷、[2点目]付近をクリックします❸。

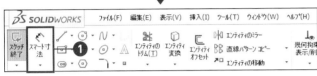

2 スマート寸法を追加する

[スマート寸法]をクリックし❶、矩形の「水平長さ」、「垂直長さ」を次のとおりに追加します❷。

水平長さ	120
垂直長さ	25

ⓘ Check

完全定義であることを確認しましょう。

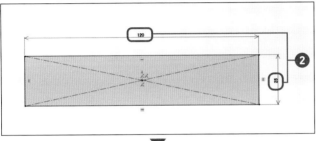

3 押し出しに切り替える

[フィーチャー]タブをクリックし❶、[押し出し ボス/ベース]をクリックします❷。

4 押し出しの設定をする

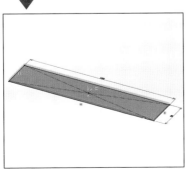

「押し出し状態」と「深さ/厚み」を次のとおりに設定します❶。[OK]をクリックします❷。

押し出し状態	ブラインド
深さ / 厚み	2

Chapter
5

パーツを作成する

1 スケッチの環境にする

[正面]をクリックし❶、スケッチをクリックします❷。

2 直線を作成する

[直線]をクリックし❶、左図のように作成します❷。

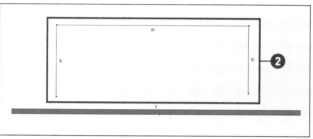

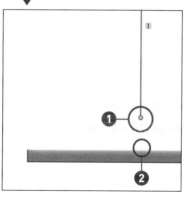

3 幾何拘束を追加する

Ctrl キーを押しながら直線の[端点]をクリックし❶、[エッジ]をクリックします❷。[一致]をクリックします❸。

ⓘ Check

反対側も同様に行います。

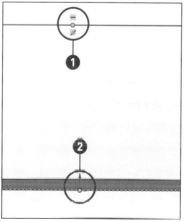

4 幾何拘束を追加する

Ctrl キーを押しながら直線の[中点]をクリックし❶、[原点]をクリックします❷。[鉛直]をクリックします❸。

5 スケッチフィレットを実行する

[スケッチフィレット]をクリックします❶。

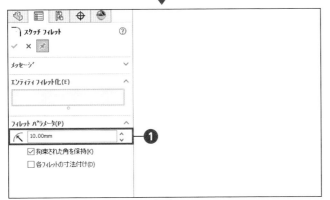

6 フィレット半径を設定する

「フィレット半径」に次のとおりに入力します❶。

フィレット半径	10

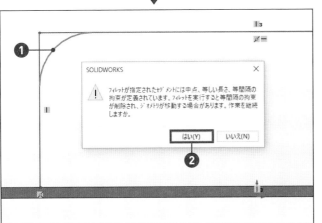

7 スケッチフィレットを作成する

直線の両側の[端点]をクリックします❶。
「メッセージ」が表示されたら、[はい]をクリックします❷。

⊙ Check

メッセージは「付加している拘束条件によりズレが生じます」という内容ですが、両側にフィレットを作成するので問題ありません。

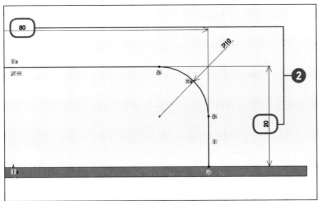

8 パスの完成

[スマート寸法]をクリックし❶、パスの「水平長さ」、「垂直長さ」を次のとおりに追加し❷、[スケッチ終了]をクリックします❸。

水平長さ	80
垂直長さ	20

⊙ Check

これを「パス」といいます。

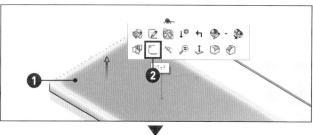

9 スケッチ環境にする

ベースフィーチャーの［面］をクリックし
❶、［スケッチ］をクリックします❷。

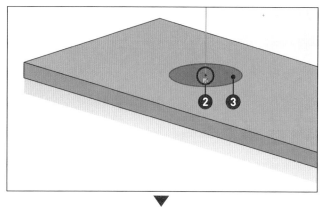

10 円を作成する

［円］をクリックします❶。パスの［端点］
をクリックし❷、［2点目］付近をクリック
します❸。

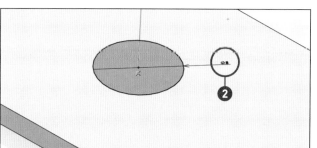

11 直径を追加する

［スマート寸法］をクリックします❶。「直
径」を次のとおりに追加し❷、［スケッチ終
了］をクリックします❸。

直径	8

⊘ Check

これを輪郭といいます。

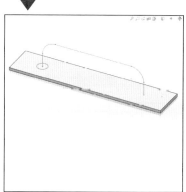

12 ツリーを確認する

ツリーには2つのスケッチができていま
す。

☞ Point

スイープの作成には、「パス」と「輪郭」の
2つのスケッチが必要です。

13 スイープに切り替える

[フィーチャー]タブをクリックし❶、[スイープ]をクリックします❷。

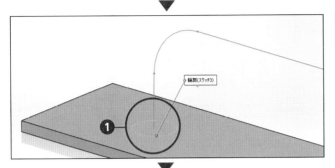

14 輪郭を選択する

[円]をクリックします❶。

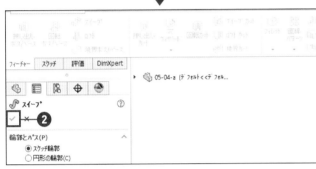

15 パスを選択する

[パス]をクリックし❶、[OK]をクリックします❷。

☞ Point

「パス」と「輪郭」は交差している必要があります。

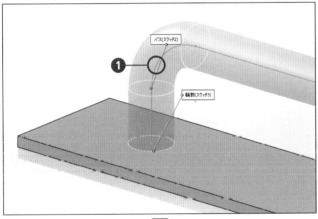

16 スイープの完成

スイープが完成しました。

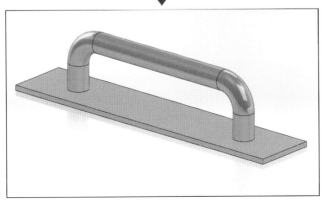

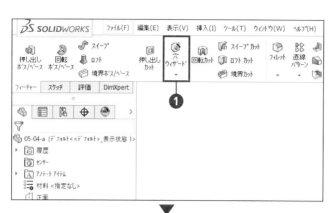

1 穴ウィザードを実行する

[穴ウィザード]をクリックします❶。

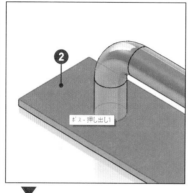

2 面を指定する

[位置]タブをクリックし❶、[面]をクリックします❷。

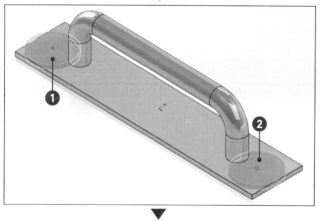

3 中心点を配置する

[面]をクリックして中心点を作成します❶❷。

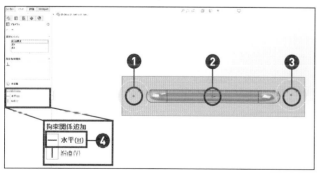

4 水平拘束を付加する

Ctrl キーを押しながら2つの穴の[中心点]と、[原点]をそれぞれクリックします❶❷❸。[水平]をクリックします❹。

👉 Point

左図のようにビューを変更しないと、原点が選択できません。

5 中心線を作成する

「直線」右の［▼］をクリックし、［中心線］をクリックします❶。［原点］をクリックして❷、［2 点目］付近をクリックします❸。

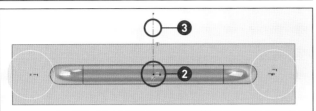

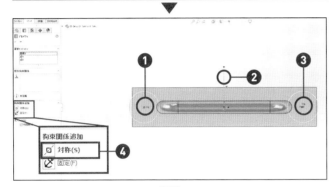

6 対称拘束を付加する

Ctrl キーを押しながら、［中心点］、［中心線］、［中心点］をそれぞれクリックします❶❷❸。［対称］をクリックします❹。

☞ Point

中心線は、端点をクリックしないように注意します。

7 寸法を追加する

［スマート寸法］をクリックし❶、穴の中心点の「距離」を次のとおりに追加します❷。

2 点間距離	100

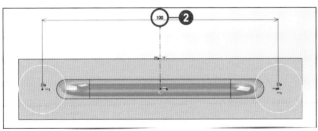

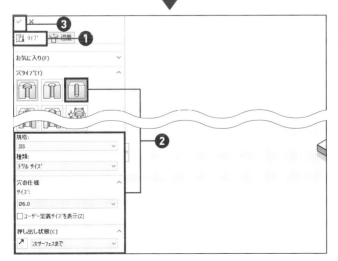

8 タイプを設定する

［タイプ］タブをクリックし❶、穴を次のとおりに設定し❷、［OK］をクリックします❸。

穴タイプ	穴
規格	JIS
種類	ドリルサイズ
サイズ	Φ 6.0
押し出し状態	次サーフェスまで

STEP 4 > フィレットを作成する

1 フィレットを実行する

[フィレット]をクリックします❶。

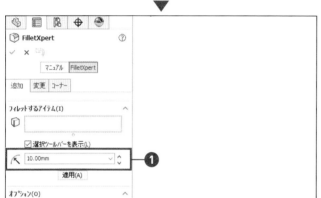

2 半径を設定する

「半径」に次のとおりに入力します❶。

半径	10

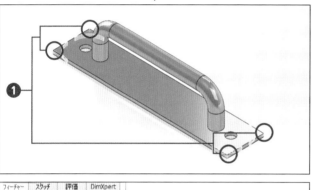

3 エッジを選択する

[エッジ]を4か所クリックし❶、[OK]を
クリックします❷。

4 取手の完成

取手が完成しました。

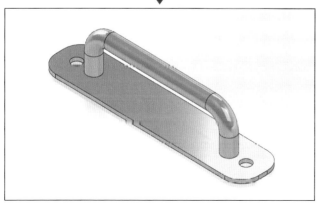

Chapter 6

MOBILE FAN の
パーツを作成する

SECTION

01

MOTORを作成する

サンプルファイル | 練習ファイル ▶ 06-01-a.sldprt | 完成ファイル ▶ 06-01-z.sldprt

この節で行うこと

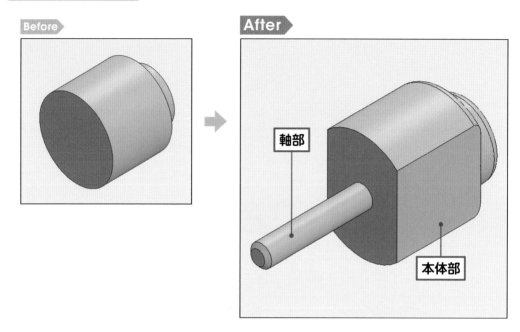

Before

After

軸部

本体部

ここでは、基本的なスケッチ（直線・円コマンドなど）や、フィーチャー（回転・押し出しカット・フィレット・面取りなど）を用いてMOBILE FANのMOTORを作成します。

● MOBILE FANのMOTORを作成する

この節では、「MOTOR」のパーツモデルを作成します。練習ファイルは「06-01-a.sldprt」です。前節までの基本操作を確認しながら作成しましょう。はじめに「本体部」を作成します。「本体部」は回転フィーチャーで作成します。直線スケッチの作成後、拘束定義を行い、本体部の元となる形状を作成します。回転フィーチャーで作成するためには、スケッチは半分で作成する必要があります。また、直径寸法の作成方法も確認しましょう。続いて、本体部の形状になるよう、不要な部分を押し出しカットフィーチャーでカットし、フラットな面を作成します。STEP3では円のスケッチと押し出しフィーチャーを使って軸部分を作成します。最後にフィレット、面取りを追加して完成します。MOTORの作成手順は少ないですが、ひとつひとつの操作を詳細に説明しています。この後作成する部品の基本となりますので、各操作をしっかりと確認しましょう。

1 練習ファイルを開く

[06-01-a.sldprt] をダブルクリックします
①。

2 スケッチ環境にする

[右側面] をクリックし①、[スケッチ] をク
リックします②。

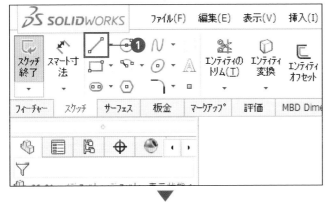

3 直線コマンドを実行する

[直線] をクリックします①。

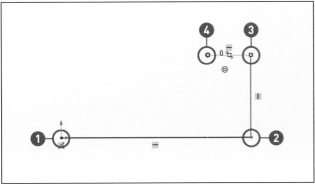

4 直線を作成する

[原点] をクリックし①、2点目、3点目、4
点目付近をそれぞれクリックします② ③
④。

Chapter
6
MOBILE FAN のパーツを作成する

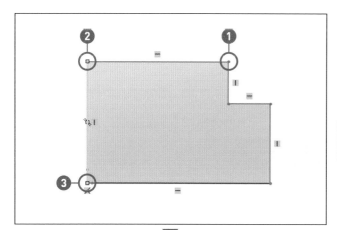

5 領域を作成する

続けて、5点目、6点目付近をクリックし❶
❷、7点目をクリックします❸。

⊙ Check

7点目は、原点です。それぞれの直線は水平、
鉛直にします。

6 コマンドを終了する

[Esc]キーを押してコマンドを終了します
❶。

👉 Point

SOLIDWORKS では次のコマンド操作に入
る前に[Esc]キーを押すことが多々あります。

7 中心線コマンドを
実行する

直線の右の「▼」をクリックし❶、[中心線]
をクリックします❷。

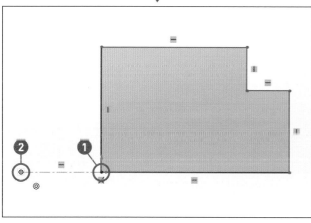

8 中心線を作成する

[原点]をクリックし❶、水平な状態で[2
点目]付近をクリックします❷。[Esc]キー
を押して、コマンドを終了します。

👉 Point

中心線は他の線と重ならないように作成しま
す。

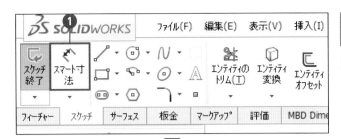

9 寸法コマンドを実行する

［スマート寸法］をクリックします❶。

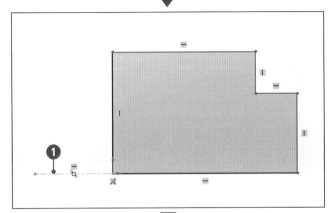

10 中心線を選択する

手順❽で作成した［中心線］をクリックします❶。

⊘ Check

端点をクリックしないように注意してください。

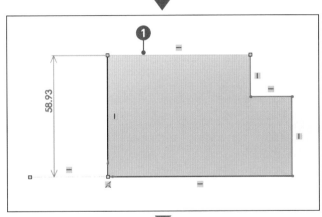

11 外形線を選択する

手順❺で作成した［直線］をクリックします❶。

58.93

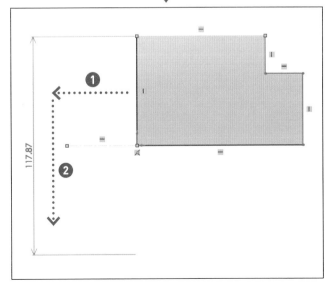

12 直径寸法にする

マウスポインターを左へ移動させ❶、さらに「中心線」より下へ移動させてクリックします❷。

117.87

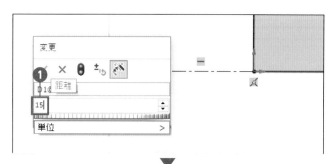

13 直径を追加する

「直径」を次のとおりに追加します❶。

直径	15

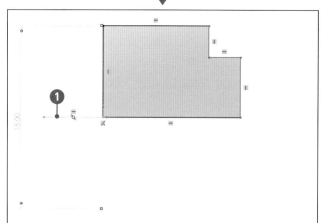

14 中心線を選択する

手順 8 で作成した[中心線]をクリックします❶。

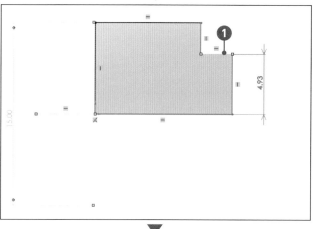

15 外形線を選択する

手順 4 で作成した[直線]をクリックします❶。

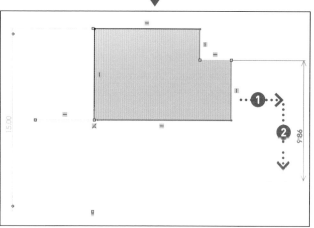

16 直径寸法にする

マウスポインターを右へ移動させ❶、さらに「中心線」より下へ移動させてクリックします❷。

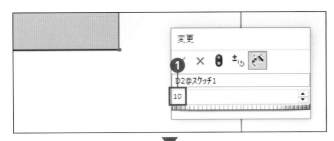

17 直径を追加する

「直径」を次のとおりに追加します❶。Esc キーを押して、コマンドを終了します。

直径	10

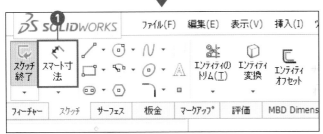

18 寸法コマンドを実行する

[スマート寸法] をクリックします❶。

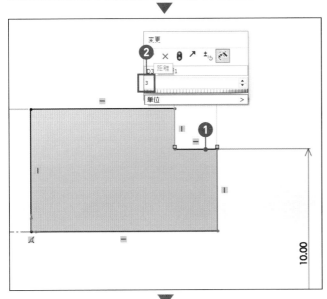

19 長さ寸法を追加する

手順❹で作成した [線] をクリックし❶、線の「長さ」を次のとおりに追加します❷。

長さ	3

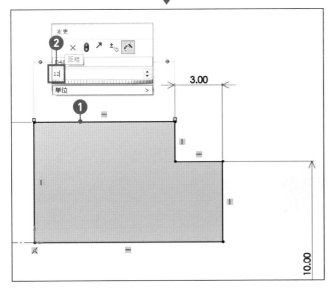

20 長さ寸法を追加する

手順❺で作成した [線] をクリックし❶、線の「長さ」を次のとおりに追加します❷。

長さ	12

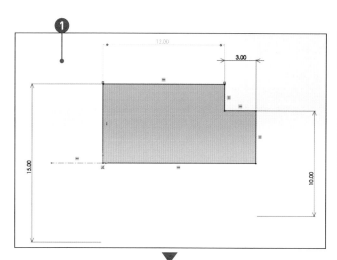

21 コマンドを終了する

[グラフィックス領域]をクリックして❶、
コマンドを解除します。

ⓘ Check

> グラフィックス領域をクリックする場合は、
> 要素をクリックしないように注意しましょう。

22 回転コマンドを実行する

[フィーチャー]タブをクリックし❶、[回
転 ボス/ベース]をクリックします❷。

23 方向1を設定する

「回転のタイプ」と「角度」を次のとおりに設
定します❶。

回転のタイプ	ブラインド
角度	360

☞ Point

> 中心線は、自動的に回転軸として認識されま
> す。

24 回転コマンドを終了する

[OK]をクリックし❶、[保存]をクリック
します❷。

Chapter 6

MOBILE FAN のパーツを作成する

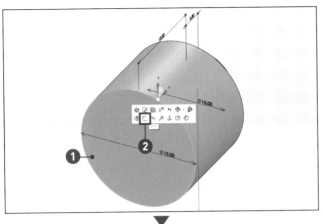

1 スケッチ環境にする

本体部の［面］をクリックし❶、［スケッチ］
をクリックします❷。

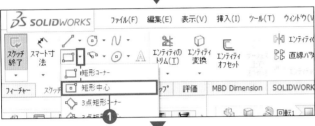

2 矩形コマンドを実行する

［矩形中心］をクリックします❶。

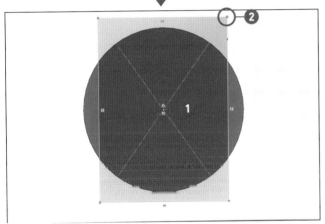

3 矩形を作成する

［原点］をクリックし❶、2点目付近をク
リックします❷。[Esc]キーを押してコマン
ドを終了します。

⚠ Check

外形より大きめに作成します。

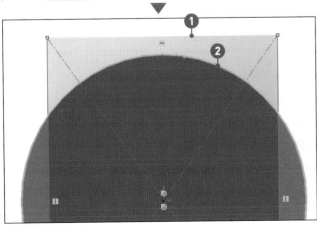

4 押し出しの設定をする

[Ctrl]キーを押しながら、矩形の上側の［線］
をクリックし❶、本体部の［外形エッジ］を
クリックします❷。

Chapter 6 MOBILE FANのパーツを作成する

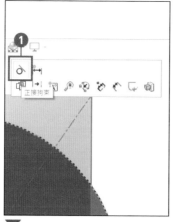

5 幾何拘束を追加する

[正接]をクリックします**①**。 Esc キーを押
して、コマンドを終了します。

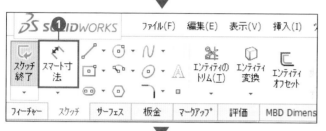

6 寸法コマンドを実行する

[スマート寸法]をクリックします**①**。

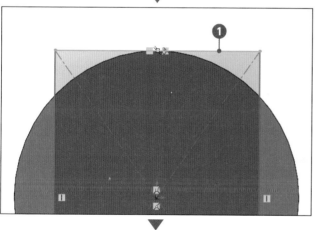

7 要素を選択する

矩形の[直線]をクリックします**①**。

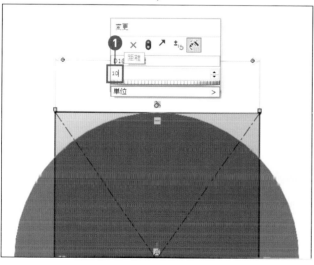

8 長さを追加する

矩形の「長さ」を次のとおりに追加します
①。

長さ	10

Chapter
6

MOBILE FAN のパーツを作成する

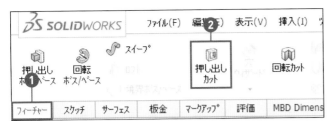

9 押し出しカットを実行する

[フィーチャー]タブをクリックし**1**、[押し出し カット]をクリックします**2**。

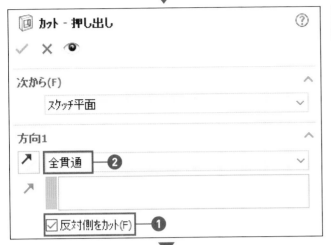

10 方向1を設定する

[反対側をカット]をクリックし**1**、「押し出し状態」を次のとおりに設定します**2**。

押し出し状態	全貫通

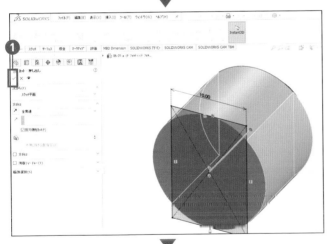

11 押し出しカットを終了する

[OK]をクリックします**1**。

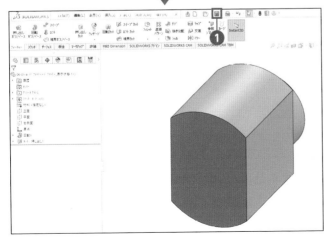

12 上書き保存する

[保存]をクリックします**1**。

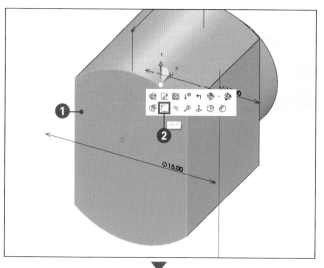

1 スケッチ環境にする

本体部の[面]をクリックし❶、[スケッチ]
をクリックします❷。

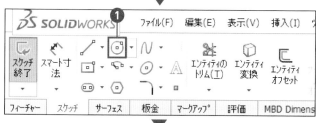

2 円コマンドを実行する

[円]をクリックします❶。

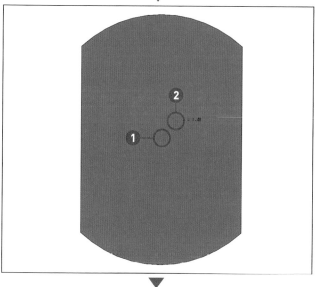

3 円を作成する

[原点]をクリックし❶、[2点目]付近をク
リックします❷。 Esc キーを押して、コマ
ンドを終了します。

4 寸法コマンドを実行する

[スマート寸法]をクリックします❶。

Chapter
6

MOBILE FAN のパーツを作成する

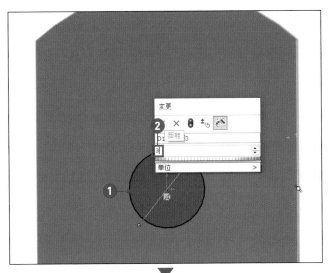

5 直径を追加する

手順3で作成した[円]をクリックし❶、円
の「直径」を次のとおりに追加します❷。

直径	3

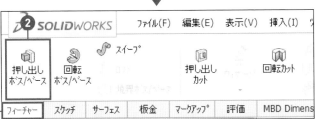

6 押し出しを実行する

[フィーチャー]タブをクリックし❶、[押
し出し ボス / ベース]をクリックします❷。

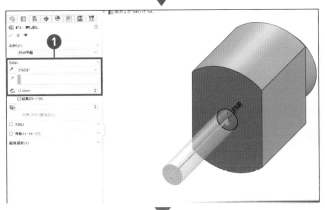

7 方向1を設定する

「押し出し状態」と「深さ / 厚み」を次のとお
りに設定します❶。

押し出し状態	ブラインド
深さ / 厚み	15

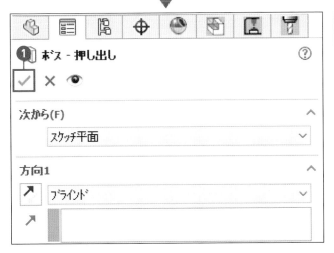

8 押し出しを終了する

[OK]をクリックします❶。

STEP 4 > フィレットを追加する

1 フィレットを実行する

[フィレット]をクリックします❶。

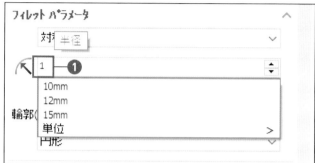

2 半径を入力する

[半径]に次の値を入力します❶。

半径	1

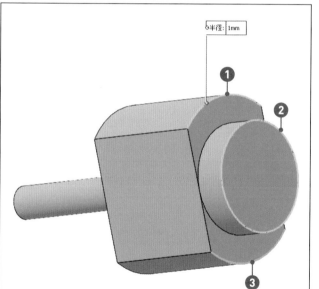

3 エッジを選択する

本体部の[エッジ]を3か所クリックします
❶❷❸。

4 フィレットを終了する

[OK]をクリックします❶。

MOBILE FAN のパーツを作成する

Chapter 6

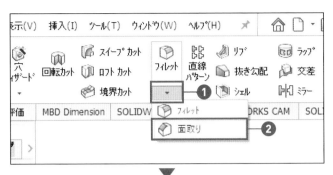

1 面取りを実行する

フィレットの下の[▼]をクリックし❶、[面取り]をクリックします❷。

2 距離を入力する

[距離]に次の値を入力します❶。

距離	0.5

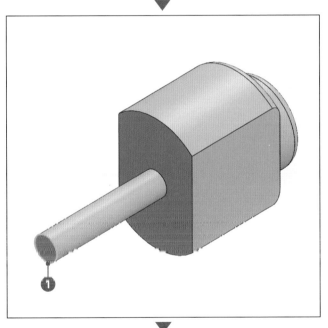

3 エッジを選択する

軸部の[エッジ]をクリックします❶。

Chapter 6

MOBILE FAN のパーツを作成する

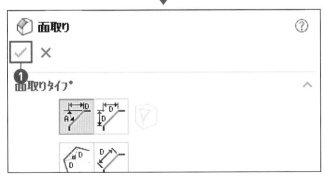

4 面取りを終了する

[OK]をクリックします❶。

02 ARM1 を作成する

| サンプルファイル | 練習ファイル 06-02-a.sldprt | 完成ファイル 06-02-z.sldprt |

この節で行うこと

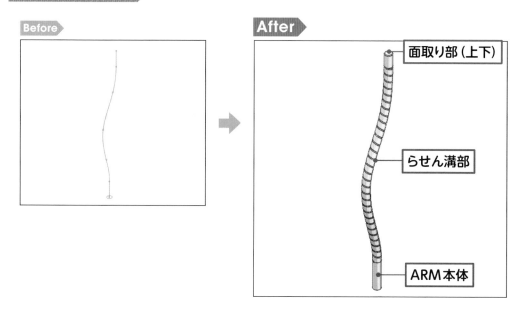

Before

After
- 面取り部（上下）
- らせん溝部
- ARM本体

ここでは、基本的なスケッチ（直線・円・スプライン・エンティティ変換など）とフィーチャー（スイープ・面取りなど）を用いて MOBILE FANのARMを作成します。

▶ MOBILE FANのARMを作成する

この節では、「ARM」のパーツモデルを作成します。練習ファイルは「06-02-a.sldprt」です。STEP1では「ARM本体」を作成します。スプラインを使ってパスを作成し、拘束定義を行います。ここではこれを「パス」と呼びます。続いて、円スケッチを作成します。パスと円は、別々のスケッチとして作成することに注意しましょう。円スケッチとパスに拘束定義を行い、スイープ フィーチャーを使用します。スイープ フィーチャーの作成には、2つのスケッチが必要です。上下角部は、面取り フィーチャーを追加します。STEP3では、ARM本体にらせん状の溝を作成します。STEP1で作成したパスを表示してエンティティ変換を行い、らせん形状を作成するためのパスを作成します。エンティティ変換を行うと拘束定義を省略することができます。続いて、円スケッチを作成します。ここでも円のスケッチは、パスとは別に作成します。円は、拘束定義で適正な位置に配置します。スイープ カット フィーチャーのオプションを設定して、ARM本体にらせん状の溝を作成して完成です。

Chapter
6
MOBILE FAN のパーツを作成する

STEP 1 ARM本体を作成する

1 スケッチ環境にする

［右側面］をクリックし❶、［スケッチ］をクリックします❷。

2 直線コマンドを実行する

［直線］をクリックします❶。

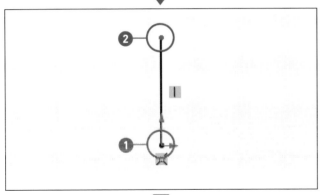

3 直線1本目を作成する

［原点］をクリックし❶、［2点目］付近をクリックします❷。

ⓘ Check

直線を作成したら、ESCキーを押してコマンドを終了してください。

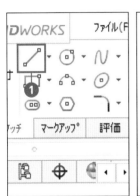
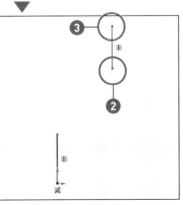

4 直線2本目を作成する

［直線］をクリックし❶、［1点目］付近、［2点目］付近をクリックします❷❸。

ⓘ Check

手順❸で作成した直線より、右上に作成します。

5 スマート寸法を実行する

[スマート寸法]をクリックします❶。

6 長さを追加する

直線の「長さ」を次のとおりに追加します❶。

長さ	20

⚠ Check

２本とも寸法を追加します。

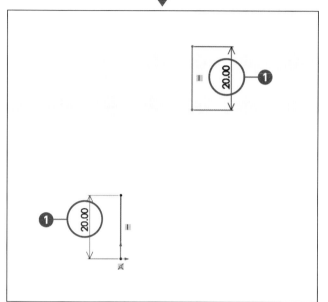

7 距離を追加する

2本の直線の「距離a」と「距離b」を次のとおりに追加します❶ ❷。

距離 a	10
距離 b	180

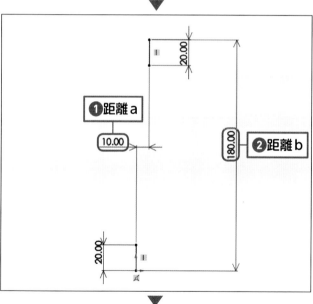

8 スプラインを実行する

[スプライン]をクリックします❶。

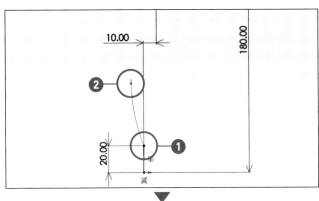

9 スプライン1、2点目を作成する

[1点目]をクリックし❶、[2点目]付近をクリックします❷。

ⓘ Check

1点目は、手順❸で作成した直線の端点です。

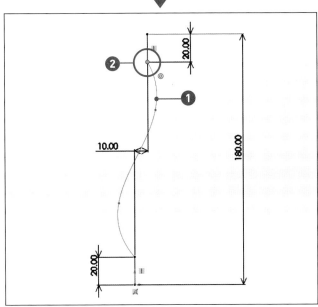

10 スプライン3、4点目を作成する

[3点目]付近、[4点目]をクリックします❶❷。

ⓘ Check

Esc キーを押してコマンドを終了します。

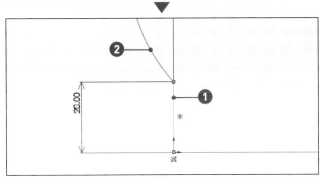

11 下部の要素を選択する

Ctrl キーを押しながら、[直線]をクリックし❶、[スプライン]をクリックします❷。

12 幾何拘束を付加する

[正接]をクリックします❶。

ⓘ Check

上部側も同様に[正接]を付加します。

13 スマート寸法を実行する

[スマート寸法]をクリックします❶。

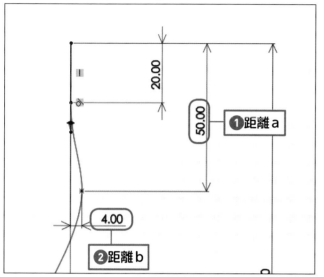

14 上部側の距離を追加する

[距離a]と[距離b]を次のとおりに追加します❶❷。

距離 a	50
距離 b	4

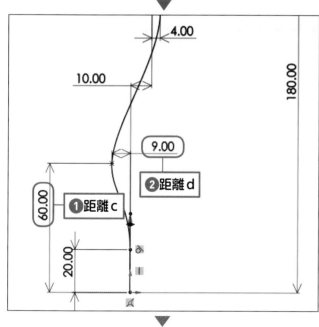

15 下部側の距離を追加する

[距離c]と[距離d]を次のとおりに追加します❶❷。

距離 c	60
距離 d	9

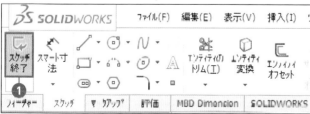

16 スケッチを終了する

[スケッチ終了]をクリックします❶。

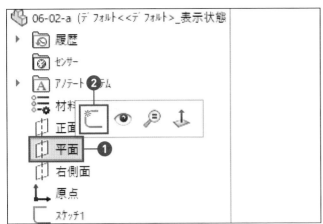

17 スケッチ環境にする

[平面]をクリックし①、[スケッチ]をク
リックします②。

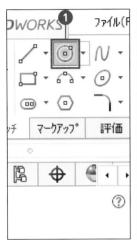

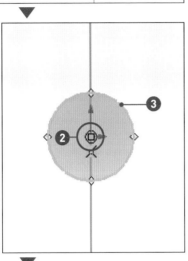

18 円を作成する

[円]をクリックします①。[原点]をクリッ
クし②、[2点目]付近をクリックします
③。

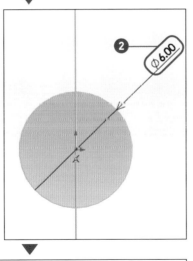

19 直径を決める

[スマート寸法]をクリックし①、円の「直
径」を次のとおりに追加します②。

直径	6

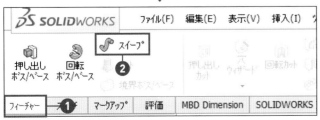

20 スイープを実行する

[フィーチャー]タブをクリックし①、[ス
イープ]をクリックします②。

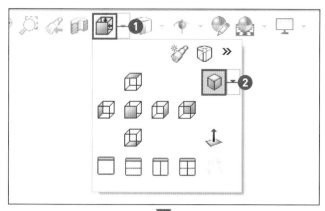

21 表示方向を変える

[表示方向] をクリックし❶、[等角投影] を
クリックします❷。

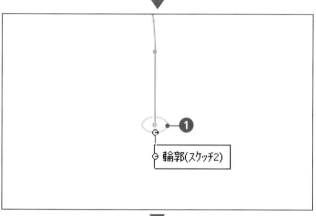

22 輪郭を選択する

[円] をクリックします❶。

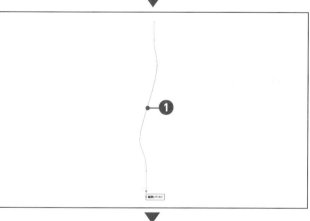

23 パスを選択する

[パス] をクリックします❶。

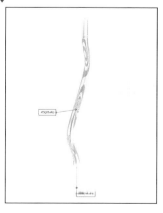

24 スイープを終了する

[OK] をクリックします❶。

1 面取りを実行する

フィレットの下の［▼］をクリックし❶、［面取り］をクリックします❷。

2 距離を入力する

［距離］に次の値を入力します❶。

距離	0.5

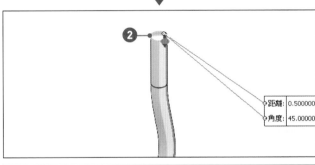

3 エッジを選択する

下側の［エッジ］をクリックし❶、上側の［エッジ］をクリックします❷。

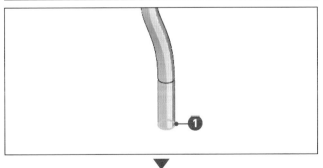

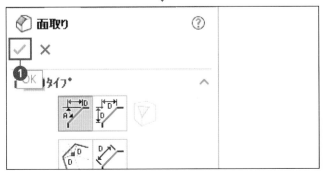

4 面取りを終了する

［OK］をクリックします❶。

Chapter
6
MOBILE FAN のパーツを作成する

STEP 3 らせんの溝を作成する

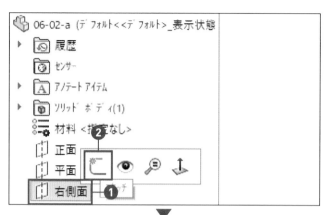

1 スケッチ環境にする

［右側面］をクリックし❶、［スケッチ］をクリックします❷。

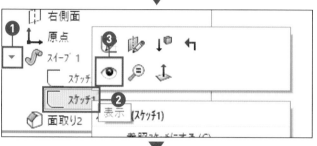

2 ARM本体のスケッチを表示する

スイープ左の［▶］をクリックします❶。続けて、［スケッチ1］で右クリックし❷、［表示］をクリックします❸。

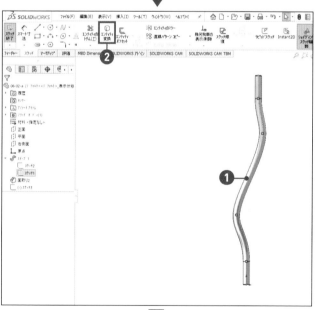

3 エンティティ変換する

表示したスケッチの［スプライン］部分をクリックし❶、［エンティティ変換］をクリックします❷。

ⓘCheck

この操作を行うときは、スケッチ1は非表示にしてください。

4 スケッチを終了する

［スケッチ終了］をクリックします❶。

Chapter 6 MOBILE FAN のパーツを作成する

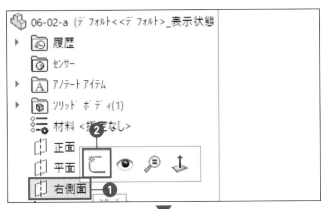

5 スケッチ環境にする

[右側面]をクリックし❶、[スケッチ]をクリックします❷。

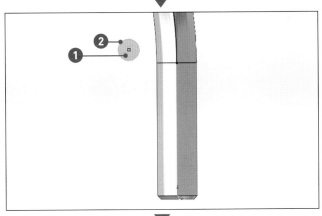

6 円を作成する

[円]をクリックして[1点目]付近をクリックし❶、[2点目]付近をクリックします❷。

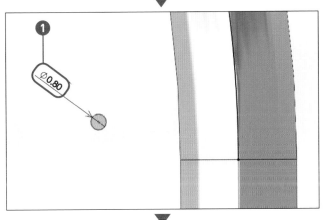

7 直径を追加する

円の[直径]を次のとおりに追加します❶。

直径	0.8

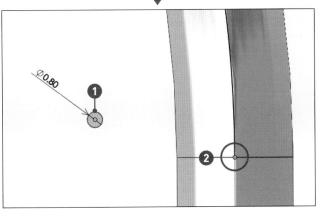

8 要素を選択する

Ctrl キーを押しながら、円の[中心点]をクリックし❶、スプラインの[端点]をクリックします❷。

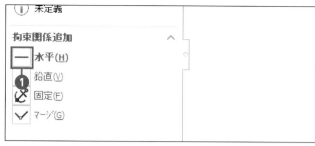

9 幾何拘束を追加する

［水平］をクリックします❶。

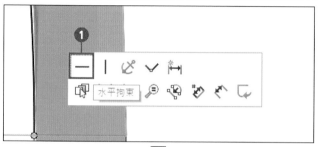

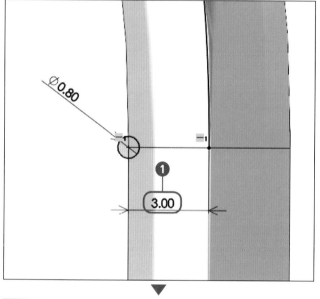

10 寸法を追加する

スプラインの端点と円の中心点の「距離」を
次のとおりに追加します❶。

距離	3

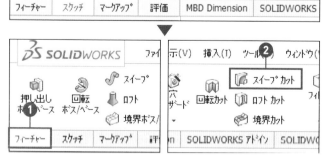

11 スケッチを終了する

［スケッチ終了］をクリックします❶。

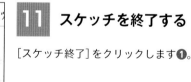

12 スイープ カットを
実行する

［フィーチャー］タブをクリックし❶、［スイープ カット］をクリックします❷。

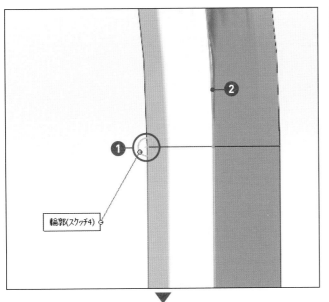

13 輪郭とパスを選択する

[円]をクリックし❶、[スプライン]をク
リックします❷。

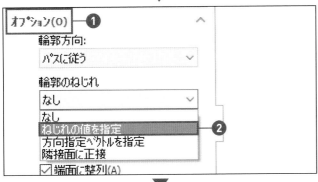

14 オプションを設定する

[オプション]をクリックし❶、輪郭のねじ
れから[ねじれの値を指定]をクリックしま
す❷。

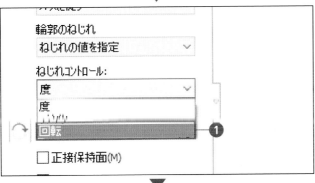

15 ねじれコントロールを選択する

[回転]をクリックします❶。

16 回転数を入力する

[回転数]に次の値を入力し❶、[OK]をク
リックします❷。

回転数	30

SECTION 03 BOTTOM COVERを作成する

サンプルファイル ┃ 練習ファイル▶ 06-03-a.sldprt ┃ 完成ファイル▶ 06-03-z.sldprt

この節で行うこと▶

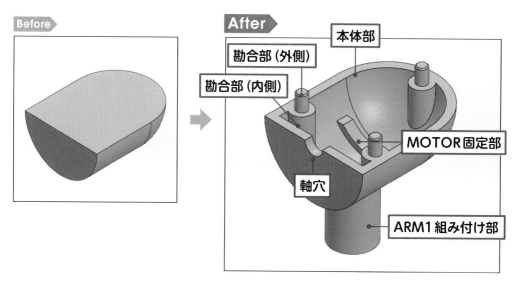

Before

After

本体部
勘合部（外側）
勘合部（内側）
MOTOR固定部
軸穴
ARM1組み付け部

ここでは、スケッチ（直線・円弧・矩形など）、フィーチャー（押し出し・押し出しカット・回転・穴ウィザードなど）を用いてMOBILE FANのBOTTOM COVERを作成します。

● MOBILE FANのBOTTOM COVERを作成する

この節では、「BOTTOM COVER」のパーツモデルを作成します。練習ファイルは「06-03-a.sldprt」です。はじめに、「本体部」を作成します。ここでは矩形コーナーと円弧でスケッチを作成後、拘束定義を行い、回転フィーチャーを使用します。回転の方向1と方向2を設定します。続いて、シェルフィーチャーで薄肉化し、MOTOR用の軸穴を追加します。STEP4とSTEP5では、TOP COVERとの「勘合部」を作成します。円のスケッチを作成し、拘束定義を行い、押し出しフィーチャーで内側に作成します。同様の内容で外側（突起部）も作成します。STEP6では、「ARM組み付け部」を作成します。離れた位置に参照平面を作成し、円のスケッチを作成します。拘束定義のあと、面に向けて押し出します。続いて、穴ウィザードでARMを挿入する穴を作成します。STEP7では、「MOTOR固定部」を作成します。長方形のスケッチを作成します。1点目、2点目ともにエッジを利用して位置合わせし、幾何拘束の追加作業を減らします。中点を選択しないように注意します。ボディを選択し、内部側へ押し出します。最後に円のスケッチを作成し、MOTORの形状に合わせてカットして完成です。

Chapter 6
MOBILE FAN のパーツを作成する

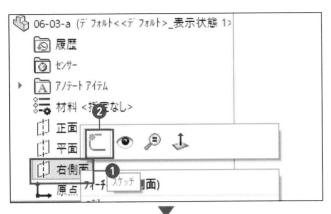

1 スケッチ環境にする

[右側面]をクリックし❶、[スケッチ]をクリックします❷。

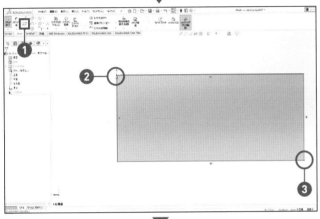

2 長方形を作成する

[矩形コーナー]をクリックします❶。[原点]をクリックし❷、[2点目]付近をクリックします❸。

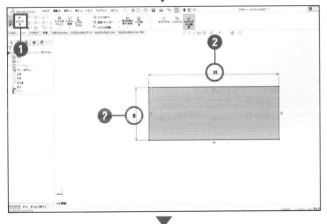

3 長さを追加する

[スマート寸法]をクリックし❶、「横長さ」と「縦長さ」を次のとおりに追加します❷。

横長さ	25
縦長さ	10

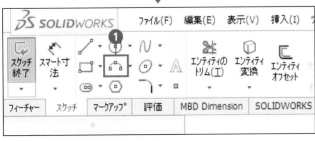

4 3点円弧を実行する

[3点円弧]をクリックします❶。

Chapter 6
MOBILE FAN のパーツを作成する

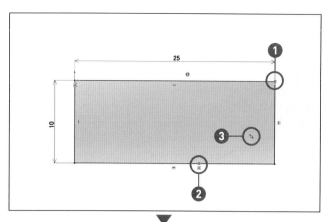

5 円弧を作成する

[1点目]、[2点目]をクリックし❶❷、[3点目]付近をクリックします❸。

ⓘ Check

1点目は矩形の右上角、2点目は直線上です。

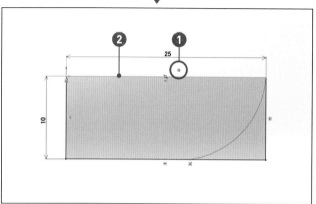

6 要素を選択する

Ctrl キーを押しながら、円弧の「中心点」をクリックし❶、[直線]をクリックします❷。

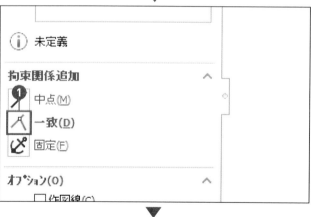

7 幾何拘束を追加する

[一致]をクリックします❶。

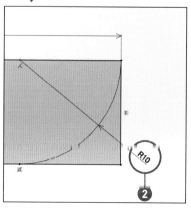

8 半径を追加する

[スマート寸法]をクリックします❶。円弧の「半径」を次のとおりに追加します❷。

半径	10

9 トリムを実行する

[エンティティのトリム]をクリックします
❶。

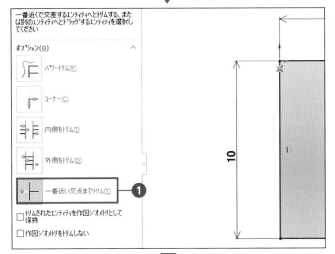

10 オプションを設定する

オプションの[一番近い交点までトリム]を
クリックします❶。

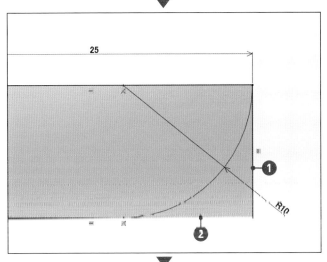

11 要素を選択する

[直線]をクリックし❶、[直線]をクリック
します❷。

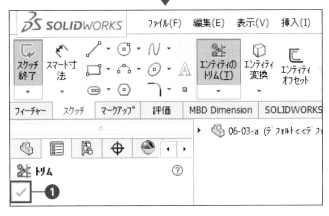

12 ダイアログを閉じる

[ダイアログを閉じる]をクリックします
❶。

13 回転を実行する

[フィーチャー]タブをクリックし❶、[回転 ボス/ベース]をクリックします❷。

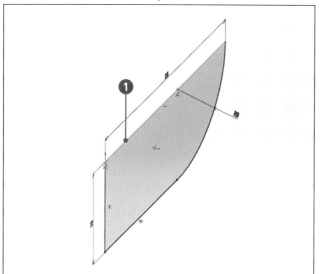

14 回転軸を選択する

[直線]をクリックします❶。

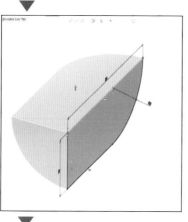

15 方向1を設定する

方向1の「回転のタイプ」と「角度」を次のとおりに設定します❶。

回転のタイプ	ブラインド
角度	90

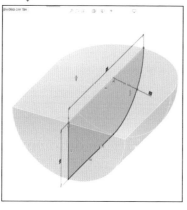

16 方向2を設定する

[方向2]をクリックします❶。「回転のタイプ」と「角度」を次のとおりに設定し❷、[OK]をクリックします❸。

回転のタイプ	ブラインド
角度	90

Chapter 6

MOBILE FAN のパーツを作成する

STEP 2 薄肉化する

1 シェルを実行する

[シェル]をクリックします❶。

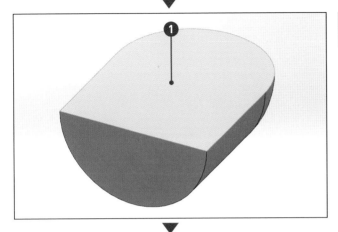

2 矩形を追加する

[面]をクリックします❶。

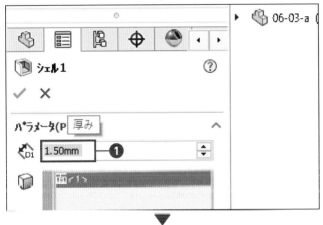

3 厚みを設定する

パラメータの「厚み」に次のとおりに入力します❶。

厚み	1.5

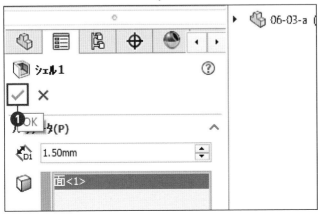

4 シェルを終了する

[OK]をクリックします❶。

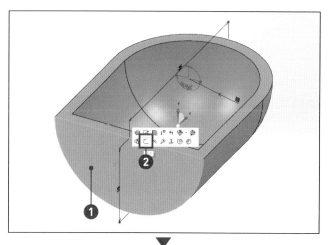

1 スケッチ環境にする

[面]をクリックし❶、[スケッチ]をクリックします❷。

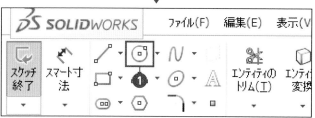

2 円を実行する

[円]をクリックします❶。

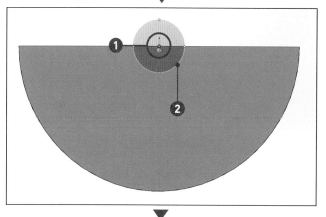

3 円を作成する

[原点]をクリックし❶、[2点目]付近をクリックします❷。

 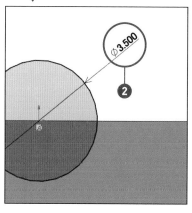

4 直径を追加する

[スマート寸法]をクリックし❶、円の「直径」を次のとおりに追加します❷。

直径	3.5

5 押し出しカットを 実行する

［フィーチャー］タブをクリックし❶、［押し出し カット］をクリックします❷。

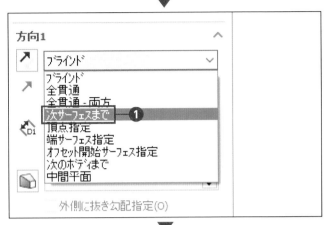

6 押し出し状態を設定する

「押し出し状態」を次のとおりに設定します ❶。

押し出し状態	次サーフェスまで

7 押し出しカットを 終了する

［OK］をクリックします❶。

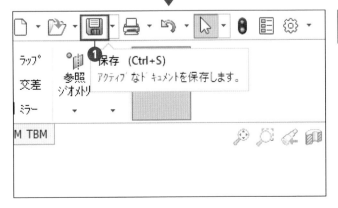

8 上書き保存する

［保存］をクリックします❶。

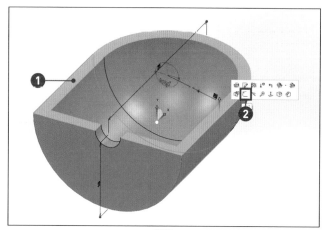

1 スケッチ環境にする

［面］をクリックし❶、［スケッチ］をクリックします❷。

2 円を作成する

［円］をクリックし❶、3か所に［円］を作成します❷❸❹。

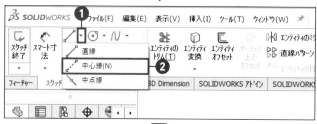

3 中心線を実行する

直線右の［▼］をクリックし❶、［中心線］をクリックします❷。

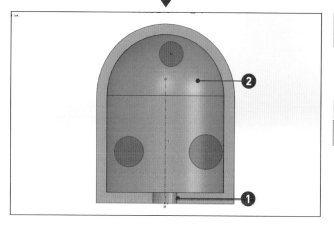

4 中心線を作成する

［原点］をクリックし❶、［2点目］付近をクリックします❷。

① Check

中心線は「鉛直」にします。

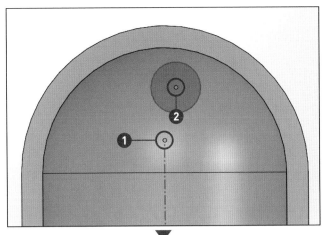

5 要素を選択する

[Ctrl] キーを押しながら、中心線の[端点]を
クリックし❶、円の[中心点]をクリックし
ます❷。

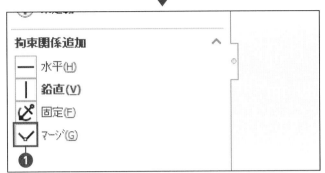

6 幾何拘束を追加する

[マージ]をクリックします❶。

⊘ Check

点と点の場合は、一致ではなくマージが表示
されます。

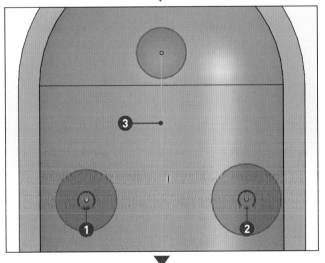

7 要素を選択する

[Ctrl] キーを押しながら、2つの円の[中心
点]と中心線をクリックします❶❷❸。

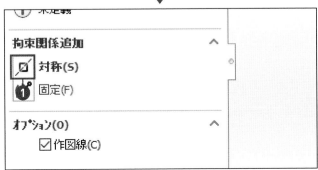

8 幾何拘束を追加する

[対称]をクリックします❶。

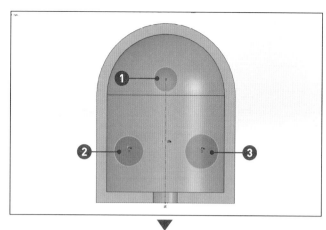

9 要素を選択する

[Ctrl] キーを押しながら、3つの円をクリックします①②③。

10 幾何拘束を追加する

[等しい値]をクリックします①。

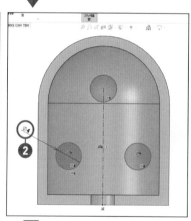

11 直径を追加する

[スマート寸法]をクリックし①、円の「直径」を次のとおりに追加します②。

直径	4

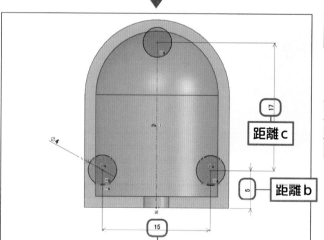

12 距離を追加する

[距離a]、[距離b]、[距離c]を次のとおりに追加します。

距離 a	15
距離 b	5
距離 c	17

Chapter 6

MOBILE FAN のパーツを作成する

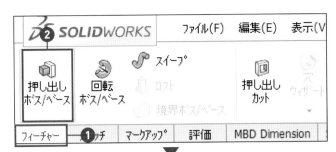

13 押し出しを実行する

［フィーチャー］タブをクリックし❶、［押し出し ボス / ベース］をクリックします❷。

14 方向を変える

［反対方向］をクリックします❶。

15 押し出し状態を設定する

「押し出し状態」を次のとおりに設定します❶。

押し出し状態	次サーフェスまで

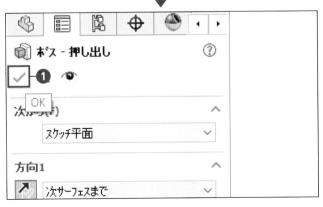

16 押し出しを終了する

［OK］をクリックします❶。

Chapter 6 — MOBILE FAN のパーツを作成する

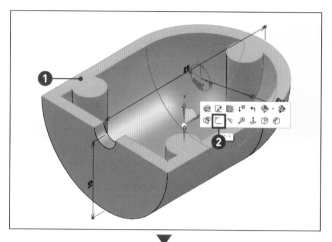

1 スケッチ環境にする

［面］をクリックし**❶**、［スケッチ］をクリックします**❷**。

2 円を作成する

［円］をクリックし**❶**、3か所に［円］を作成します**❷❸❹**。

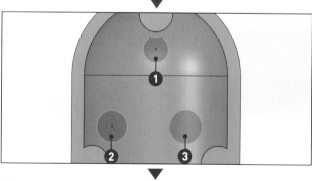

3 要素を選択する

Ctrl キーを押しながら、3つの円をクリックします**❶❷❸**。

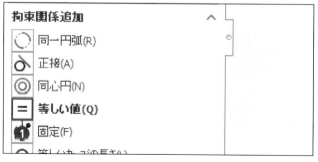

4 幾何拘束を追加する

［等しい値］をクリックします**❶**。

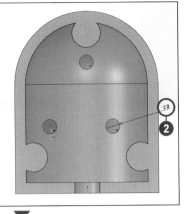

5 直径を追加する

[スマート寸法]をクリックし❶、円の「直径」を次のとおりに追加します❷。

直径	2

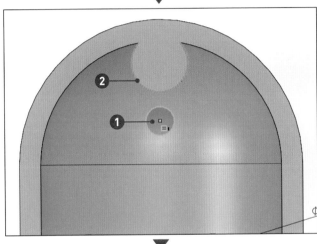

6 要素を選択する

[Ctrl]キーを押しながら、[円]をクリックし❶、[エッジ]をクリックします❷。

7 幾何拘束を追加する

[同心円]をクリックします❶。

①Check

他の2つの円にも「同心円」を追加します。

8 押し出しを実行する

[フィーチャー]タブをクリックし❶、[押し出し ボス/ベース]をクリックします❷。

9 方向1を設定する

「押し出し状態」と「深さ/厚み」を次のとおりに設定し**①**、[OK]をクリックします**②**。

押し出し状態	ブラインド
深さ / 厚み	3

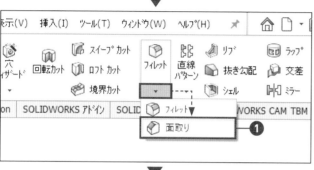

10 面取りを実行する

[面取り]をクリックします**①**。

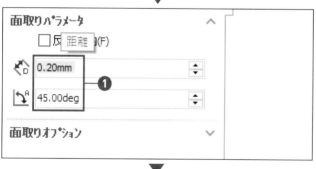

11 パラメータを設定する

面取りパラメータの「距離」と「角度」を次のとおりに設定します**①**。

距離	0.2
角度	45

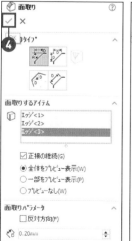
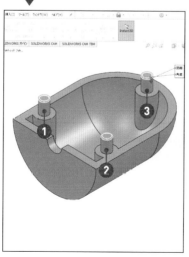

12 エッジを選択する

[エッジ]3ヶ所をクリックし**① ② ③**、[OK]をクリックします**④**。

STEP 6 〉 ARM組み付け部を作成する

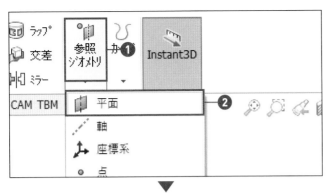

1 参照平面を実行する

[参照ジオメトリ]をクリックし❶、[平面]
をクリックします❷。

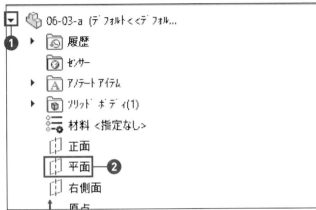

2 基準面を選択する

06-03-aの[▼]をクリックし❶、[平面]を
クリックします❷。

3 距離を入力する

[オフセット方向反転]をクリックし❶、「オ
フセット距離」に次のとおり入力します
❷。

オフセット距離	2U

4 参照平面を終了する

[OK]をクリックします❶。

⚠️ Check

Esc キーを押してコマンドを終了します。

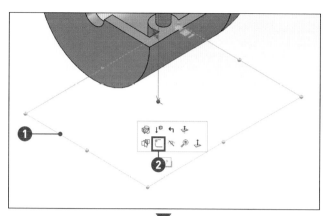

5 スケッチ環境にする

[平面]をクリックし❶、[スケッチ]をク
リックします❷。

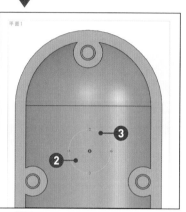

6 円を作成する

[円]をクリックします❶。[1点目]付近を
クリックし❷、[2点目]付近をクリックし
ます❸。

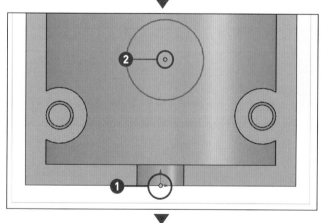

7 要素を選択する

[Ctrl]キーを押しながら、[原点]をクリック
し❶、円の[中心点]をクリックします❷。

8 幾何拘束を追加する

[鉛直]をクリックします❶。

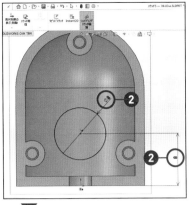

9 寸法を追加する

[スマート寸法]をクリックし❶、「距離」と「直径」を次のとおりに追加します❷。

距離	8
直径	8

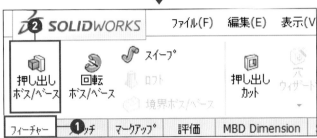

10 押し出しを実行する

[フィーチャー]タブをクリックし❶、[押し出し ボス / ベース]をクリックします❷。

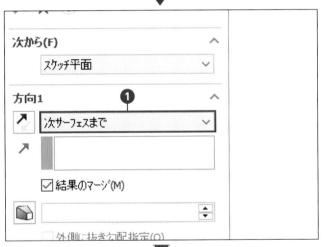

11 押し出し状態を設定する

「押し出し状態」を次のとおりに設定します❶。

押し出し状態	次サーフェスまで

12 押し出しを終了する

[OK]をクリックします❶。

!Check

参照平面は非表示にしましょう。

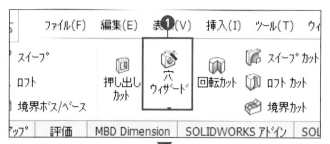

13 穴ウィザードを実行する

[穴ウィザード]をクリックします❶。

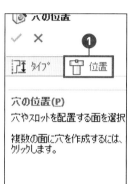
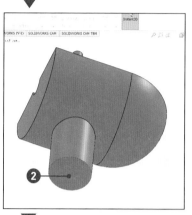

14 面を選択する

[位置]タブをクリックし❶、[面]をクリックします❷。

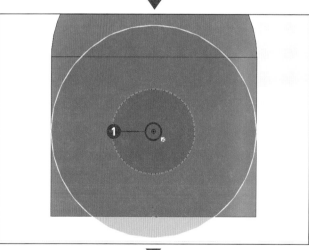

15 中心を選択する

[中心]をクリックします❶。

👉 Point

一度エッジに触れると中心が見つけやすくなります。

⊙ Check

プレビューは状況によって大きさが違います。

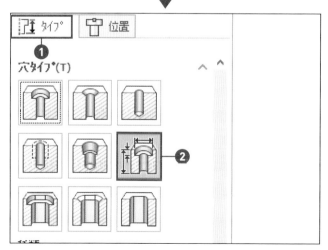

16 穴タイプを選択する

[タイプ]タブをクリックし❶、[従来型の穴]をクリックします❷。

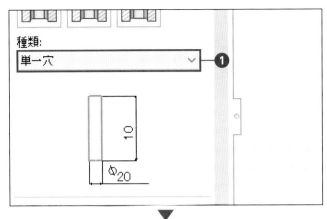

17 種類を設定する

「種類」を次のとおりに設定します❶。

種類	単一穴

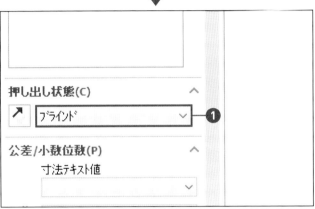

18 押し出し状態を設定する

「押し出し状態」を次のとおりに設定します❶。

押し出し状態	ブラインド

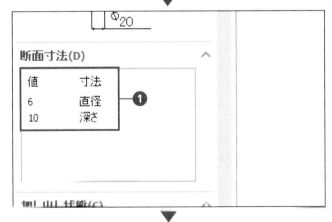

19 断面寸法を入力する

断面寸法の「直径」と「深さ」を次のとおりに設定します❶。

直径	6
深さ	10

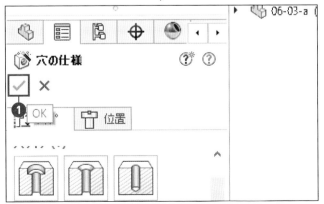

20 穴ウィザードを終了する

[OK]をクリックします❶。

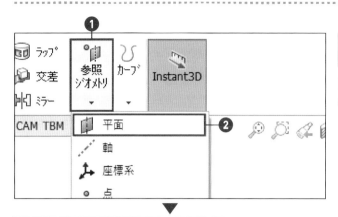

1 参照平面を実行する

[参照ジオメトリ]をクリックし❶、[平面]をクリックします❷。

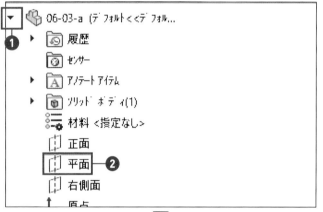

2 基準面を選択する

「06-03-a」の[▶]をクリックし❶、[平面]をクリックします❷。

3 距離を入力する

[オフセット方向反転]をクリックし❶、「オフセット距離」に次のとおりに入力します❷。

オフセット距離	5

4 参照平面を終了する

[OK]をクリックします❶。

ⓘ Check

[Esc] キーを押してコマンドを終了します。

Chapter
6
MOBILE FAN のパーツを作成する

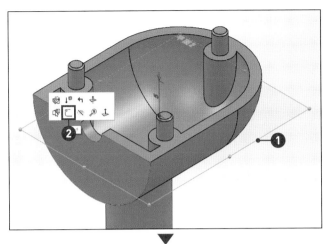

5 スケッチ環境にする

[平面]をクリックし❶、[スケッチ]をクリックします❷。

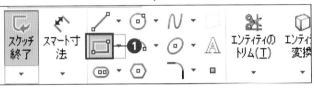

6 長方形を作成する

[矩形コーナー]をクリックします❶。[1点目][2点目]をクリックします❷❸。

⊘ Check

> 1点目、2点目はエッジ上です。画像を確認してください。中点でクリックしないように注意してください。

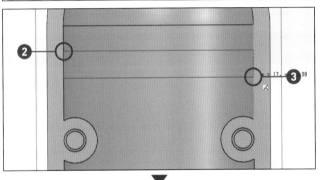

7 距離を入力する

「距離a」と「距離b」に次の値を入力します。

距離 a	10
距離 b	2

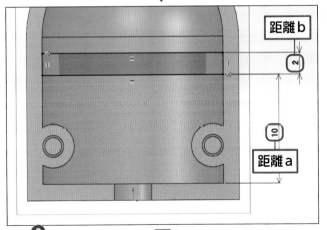

8 押し出しを実行する

[フィーチャー]タブをクリックし❶、[押し出し ボス/ベース]をクリックします❷。

9 押し出しの設定をする

[反対方向]をクリックし❶、「押し出し状態」を次のとおりに設定します❷。

押し出し状態	次のボディまで

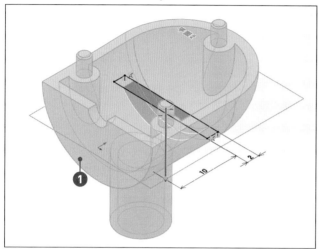

10 ボディを選択する

[ボディ]をクリックします❶。

11 押し出しを終了する

[OK]をクリックします❶。

⚠ Check

参照平面は非表示にしましょう。

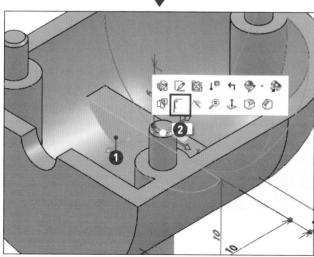

12 スケッチ環境にする

[面]をクリックし❶、[スケッチ]をクリックします❷。

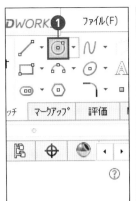

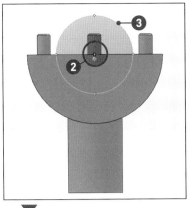

13 フィレットを実行する

[円]をクリックします❶。[原点]をクリックし❷、[2点目] 付近をクリックします❸。

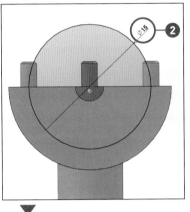

14 直径を追加する

[スマート寸法]をクリックし❶、円の「直径」を次のとおりに追加します❷。

直径	15

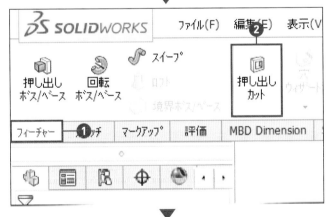

15 押し出し カットを実行する

[フィーチャー]タブをクリックし❶、[押し出し カット]をクリックします❷。

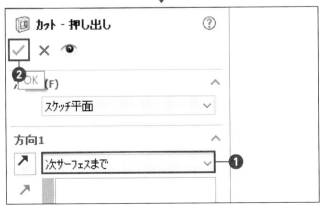

16 押し出し状態を設定する

「押し出し状態」を次のとおりに設定し❶、[OK]をクリックします❷。

押し出し状態	次サーフェスまで

SECTION

04 FANを作成する

サンプルファイル　練習ファイル▶ 06-04-a.sldprt　完成ファイル▶ 06-04-z.sldprta

この節で行うこと

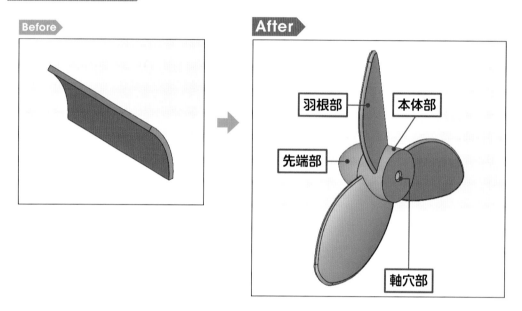

Before▶

After▶

羽根部　本体部

先端部

軸穴部

ここでは、スケッチ（円弧・エンティティオフセットなど）、フィーチャー（回転・円形パターンなど）を
用いて MOBILE FAN の FAN を作成します。

● MOBILE FAN の FAN を作成する

この節では、「FAN」のパーツモデルを作成します。練習ファイルは、「06-04-a.sldprt」です。はじ
めに「羽根部の元形状」を作成します。円弧スケッチの作成後、拘束定義を行います。エンティティ
オフセットを使って効率的に閉じた領域を作成し、押し出します。STEP2 では、羽根の形状にする
ため、連続した円弧を作成します。連続する円弧は、幾何拘束を追加する際に形が崩れるなどの影
響が出やすいため、手順をよく確認しながら作成しましょう。また、拘束条件が不足しがちなため、
必ず「完全定義」を確認しましょう。押し出しカット フィーチャーで反対側をカットします。STEP5
では、「先端部」を作成します。ここでも円弧が連続するスケッチを作成しますので、先の注意を再
確認しましょう。閉じた領域ができたら、回転フィーチャーで作成します。STEP6 では、円形パ
ターンで、羽根を3枚にします。対象となるフィーチャーが複数ありますので、ツリーからきちん
と選択してください。最後に、MOTOR の軸を挿入する穴を作成して完成です。

Chapter
6

MOBILE FAN のパーツを作成する

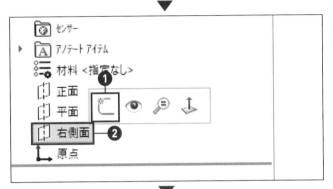

1 練習ファイルを開く

[06-04-a.sldprt] をダブルクリックします❶。

2 スケッチ環境にする

[右側面]をクリックし❶、[スケッチ]をクリックします❷。

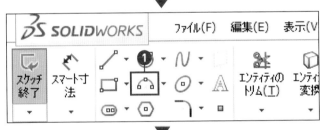

3 3点円弧を実行する

[3点円弧]をクリックします❶。

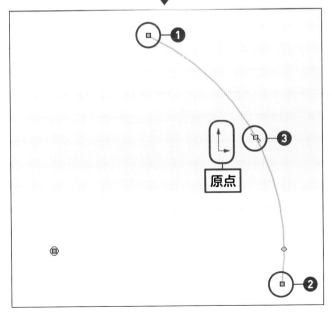

4 円弧を作成する

[1点目]付近をクリックし❶、[2点目][3点目]付近をそれぞれクリックします❷❸。

ⓘ Check

原点に対する位置を確認してください。

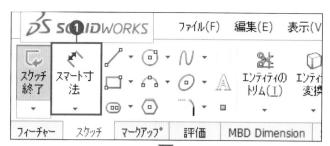

5 スマート寸法を実行する

［スマート寸法］をクリックします❶。

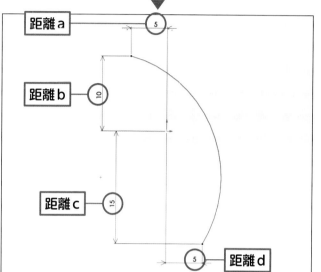

6 距離を追加する

各「距離」を次のように追加します。

距離 a	5
距離 b	10
距離 c	15
距離 d	5

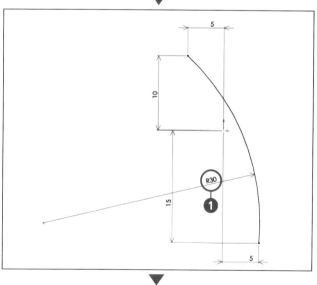

7 半径を追加する

「半径」を次のとおりに追加します❶。

半径	30

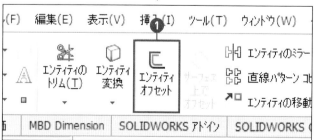

9 エンティティ オフセットを実行する

［エンティティ オフセット］をクリックします❶。

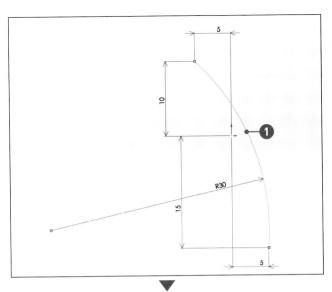

9 要素を選択する

[円弧]をクリックします❶。

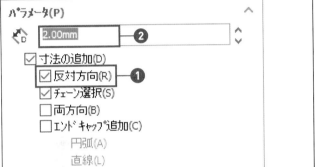

10 パラメータを変更する

[反対方向]をクリックし❶、パラメータの「オフセット距離」を次のとおりに追加します❷。

オフセット距離	2

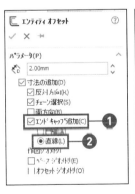
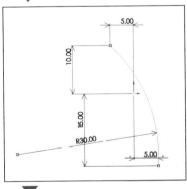

11 エンド キャップを作成する

[エンド キャップ追加]をクリックし❶、[直線]をクリックします❷。

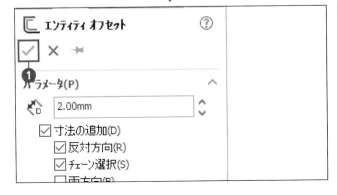

12 エンティティオフセットを終了する

[OK]をクリックします❶。

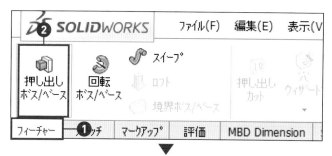

13 押し出しを実行する

［フィーチャー］タブをクリックし❶、［押し出し ボス / ベース］をクリックします❷。

14 押し出しの設定をする

「押し出し状態」と「深さ / 厚み」を次のとおりに設定します❶。

押し出し状態	ブラインド
深さ / 厚み	50

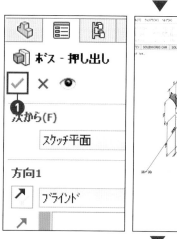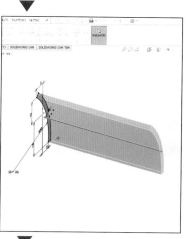

15 押し出しを完了する

［OK］をクリックします❶。

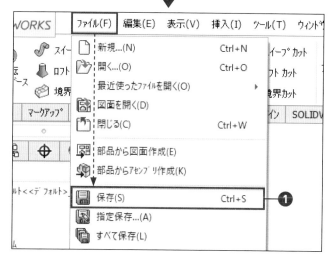

16 上書き保存する

［ファイル］→［保存］をクリックします❶。

184 　◘ Chapter6　MOBILE FAN のパーツを作成する

STEP 2	羽根部を完成する

1 スケッチ環境にする

［正面］をクリックし❶、［スケッチ］をク
リックします❷。

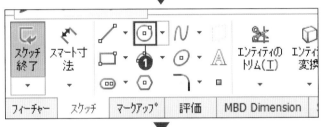

2 円を実行する

［円］をクリックします❶。

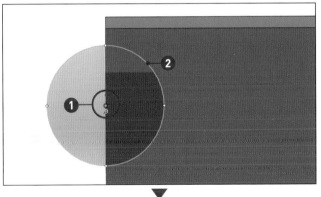

3 円を作成する

［原点］をクリックし❶、「2点目」付近をク
リックします❷。

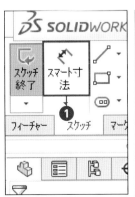
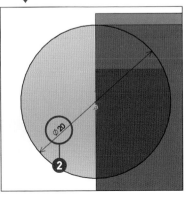

4 直径を追加する

［スマート寸法］をクリックし❶、円の「直
径」を次のとおりに追加します❷。

直径	20

Chapter 6 MOBILE FAN のパーツを作成する

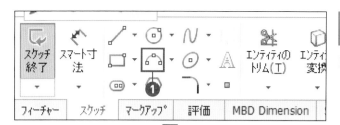

5 3点円弧を実行する

[3点円弧]をクリックします❶。

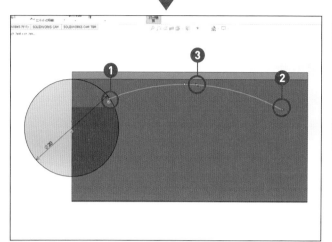

6 1つ目の円弧を作成する

[1点目]❶、[2点目]付近❷、[3点目]付近❸をクリックします。

⚠ Check

1点目は円に一致させてクリックします。

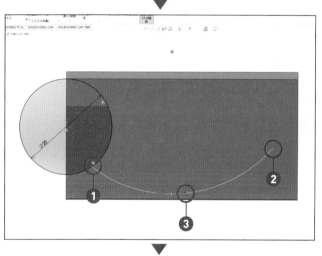

7 2つ目の円弧を作成する

[1点目]❶、[2点目]付近❷、[3点目]付近❸をクリックします。

⚠ Check

1点目は円に一致させてクリックします。

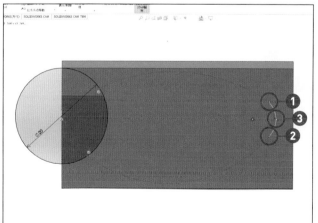

8 3つ目の円弧を作成する

[1点目]❶、[2点目]❷、[3点目]付近❸をクリックします。

⚠ Check

1点目、2点目は円弧の端点に一致させてクリックします。作成後、Esc キーを2回押してコマンドを終了させます。

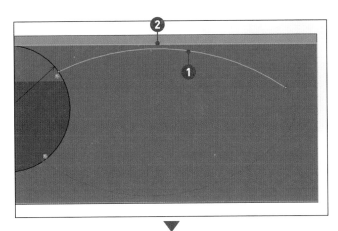

9 要素を選択する

Ctrl キーを押しながら、[円弧]をクリックし❶、[エッジ]をクリックします❷。

10 幾何拘束を追加する

[正接]をクリックします❶。

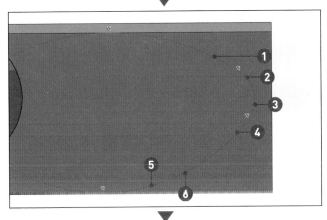

11 さらに正接拘束を追加する

❶と❷、❸と❹、❺と❻にそれぞれ「正接」を追加します。

(!) Check

❻は内側のエッジになります。

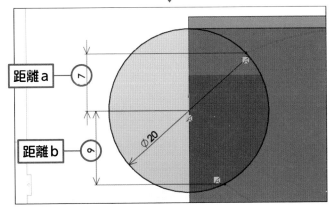

12 距離を追加する

「距離a」と「距離b」を次のとおりに追加します。

距離 a	7
距離 b	9

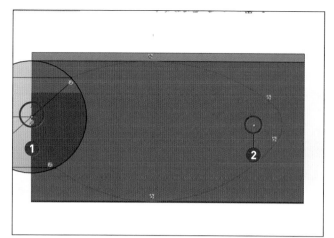

13 要素を選択する

Ctrl キーを押しながら、[原点]をクリック
し❶、円弧の[中心点]をクリックします
❷。

14 幾何拘束を追加する

[水平]をクリックします❶。

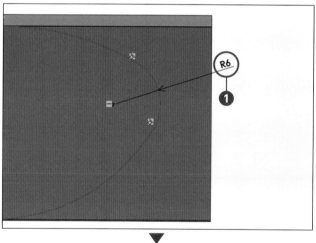

15 半径を追加する

円弧の[半径]を次のとおりに追加します
❶。

半径	6

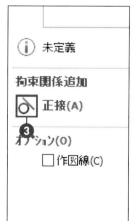
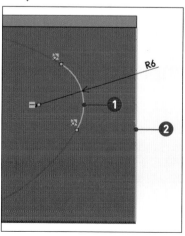

16 幾何拘束を追加する

Ctrl キーを押しながら、[円弧]をクリック
し❶、[エッジ]をクリックします❷。[正
接]をクリックします❸。

☞ Point

円弧が連続するスケッチは形状が崩れやすい
ため、うまくいかないときは拘束や寸法を追
加する順番を変えてみましょう。

① Check

完全定義になっていることを確認しましょう。

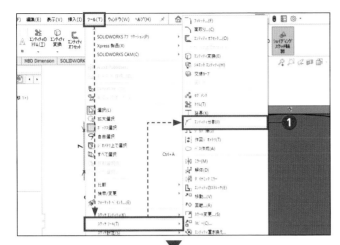

17 エンティティ分割を実行する

[ツール] → [スケッチツール] → [エンティティ分割] をクリックします①。

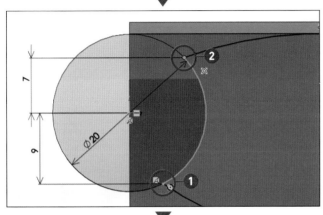

18 分割点を選択する

[1点目]をクリックし①、[2点目]をクリックします②。[Esc]キーを押してコマンドを終了します。

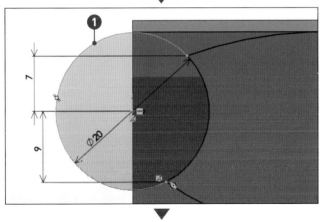

19 円弧を選択する

[円弧]をクリックします①。

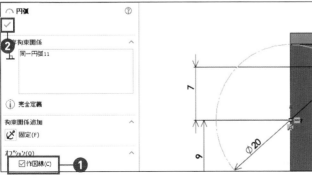

20 作図線に変更する

[作図線]をクリックし①、[OK]をクリックします②。

21 押し出しカットを実行する

［フィーチャー］タブをクリックし❶、［押し出し カット］をクリックします❷。

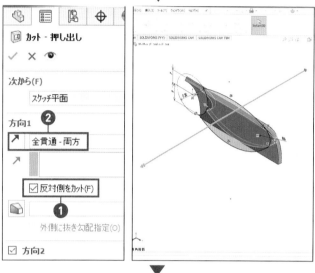

22 押し出しカットの設定をする

［反対側をカット］をクリックし❶、「押し出し状態」を次のとおりに設定します❷。

押し出し状態	全貫通 - 両方

23 押し出し カットを終了する

［OK］をクリックします❶。

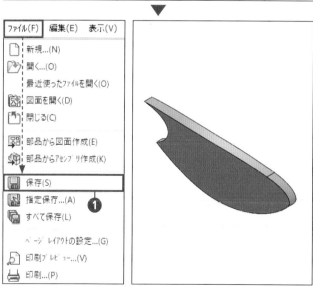

24 上書き保存する

［ファイル］→［保存］をクリックします❶。

STEP 3 フィレットを追加する

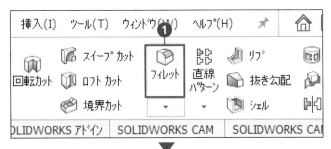

1 フィレットを実行する

［フィレット］をクリックします❶。

2 半径を入力する

フィレットパラメータの［半径］を次のとおりに入力します❶。

半径	1

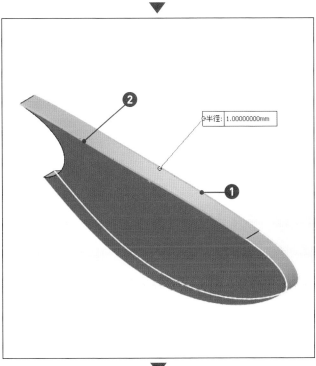

3 エッジを選択する

［エッジ］をクリックし❶、［エッジ］をクリックします❷。

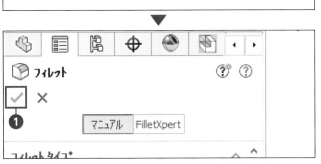

4 フィレットを終了する

［OK］をクリックします❶。

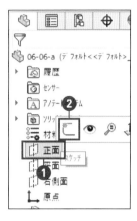 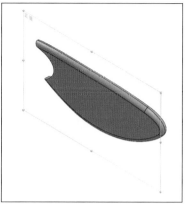

1 スケッチ環境にする

[正面]をクリックし❶、[スケッチ]をクリックします❷。

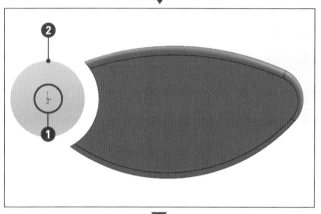

2 円を作成する

[原点]をクリックし❶、[2点目]付近をクリックします❷。

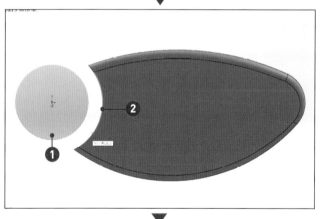

3 要素を選択する

[Ctrl]キーを押しながら、[円]をクリックし❶、羽根の[エッジ]をクリックします❷。

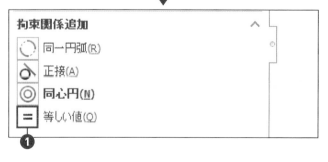

4 幾何拘束を追加する

[等しい値]をクリックします❶。

Chapter 6 MOBILE FAN のパーツを作成する

5 押し出しを実行する

[フィーチャー]タブをクリックし❶、[押し出し ボス/ベース]をクリックします❷。

6 方向1を設定する

方向1の「押し出し状態」と「深さ/厚み」を次のとおりに設定します❶。

押し出し状態	ブラインド
深さ / 厚み	2

7 方向2を設定する

方向2をクリックし❶、「押し出し状態」と「深さ/厚み」を次のとおりに設定します❷。

押し出し状態	ブラインド
深さ / 厚み	10

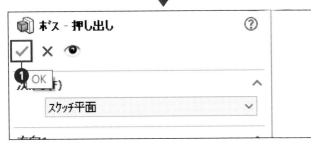

8 押し出しを終了する

[OK]をクリックします❶。

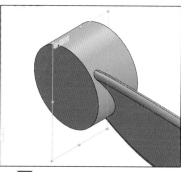

1 スケッチ環境にする

[右側面]をクリックし❶、[スケッチ]をク
リックします❷。

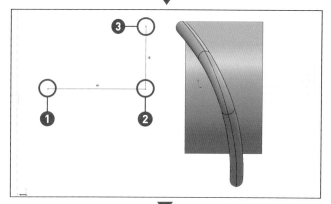

2 直線を作成する

[直線]をクリックします。[1点目]付近をク
リックし❶、[2点目][3点目]付近をそれぞ
れクリックします❷❸。

ⓘ Check

> ❶❷は水平、❷❸は鉛直にします。

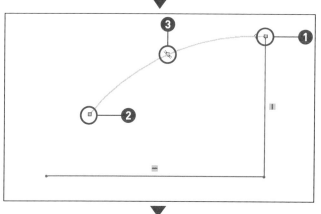

3 3点円弧を作成する

[3点円弧]をクリックします。[1点目]を
クリックし❶、[2点目][3点目]付近をそ
れぞれクリックします❷❸。

ⓘ Check

> 連続する円弧の作成について、P.203も参照
> してください。

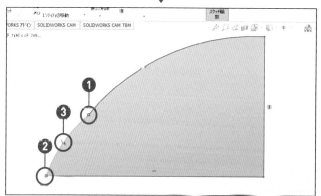

4 さらに3点円弧を作成する

[1点目]、[2点目]をクリックし❶❷、[3
点目]付近をクリックします❸。

Chapter
6

MOBILE FAN のパーツを作成する

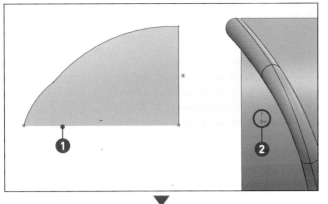

5 要素を選択する

[Ctrl] キーを押しながら、[直線]をクリック
し❶、[原点]をクリックします❷。

6 幾何拘束を追加する

[一致]をクリックします❶。

7 半径を追加する

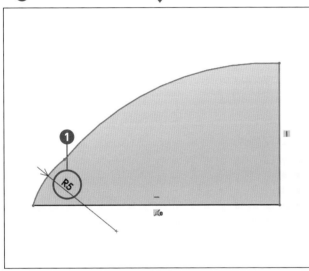

円弧の[半径]を次のとおりに追加します
❶。

半径	5

8 要素を選択する

[Ctrl] キーを押しながら、[直線]をクリック
し❶、円弧の「中心点」をクリックします
❷。

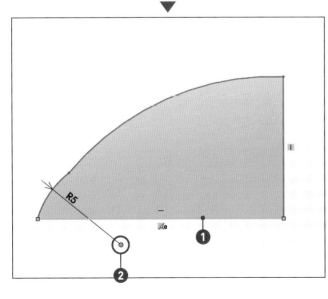

9 幾何拘束を追加する

[一致]をクリックします❶。

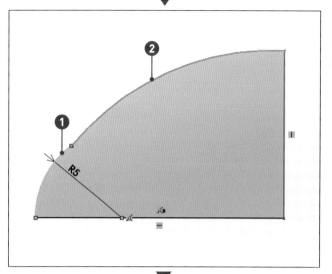

10 要素を選択する

Ctrl キーを押しながら、半径5の[円弧]を
クリックし❶、2つ目の[円弧]をクリック
します❷。

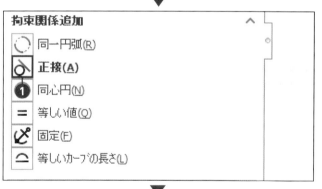

11 幾何拘束を追加する

[正接]をクリックします❶。

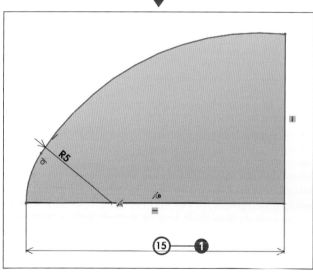

12 長さを追加する

直線の「長さ」を次のとおりに追加します
❶。

長さ	15

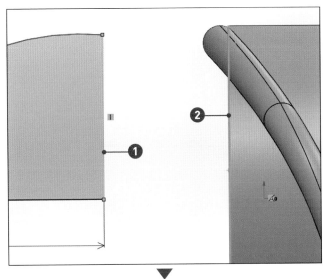

13 要素を選択する

Ctrl キーを押しながら、[直線]をクリックし❶、[エッジ]をクリックします❷。

14 幾何拘束を追加する

[同一線上]をクリックします❶。

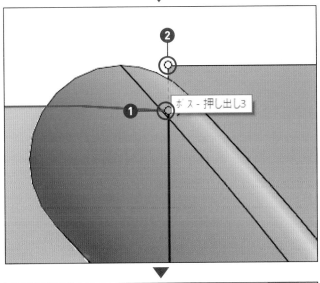

15 要素を選択する

Ctrl キーを押しながら、直線の[端点]をクリックし❶、[エッジ端点]をクリックします❷。

16 幾何拘束を追加する

[一致]をクリックします❶。

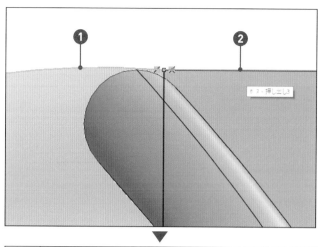

17 要素を選択する

[Ctrl]キーを押しながら、[円弧]をクリックし①、本体部の[エッジ]をクリックします②。

18 幾何拘束を追加する

[正接]をクリックします①。

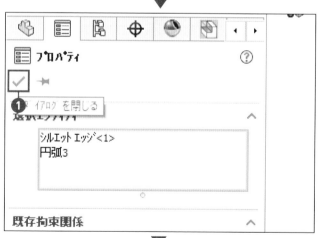

19 ダイアログを閉じる

[ダイアログを閉じる]をクリックします①。

20 スケッチを終了する

[スケッチ終了]をクリックします①。

21 回転を実行する

[フィーチャー] タブをクリックし❶、[回転 ボス/ベース] をクリックします❷。

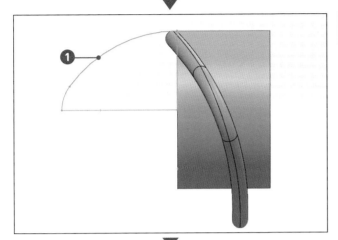

22 スケッチを選択する

スケッチ内の [円弧] をクリックします❶。

⏺Check

> 「スケッチ終了」をクリックした場合、
> フィーチャーの作成時に、スケッチを選択する必要があります。

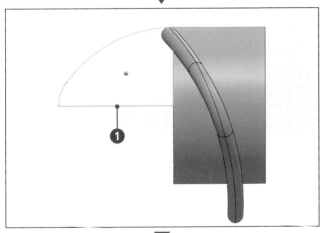

23 回転軸を選択する

[直線] をクリックします❶。

 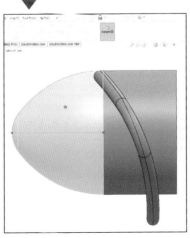

24 回転を終了をする

[OK] をクリックします❶。

Chapter
6
MOBILE FAN のパーツを作成する

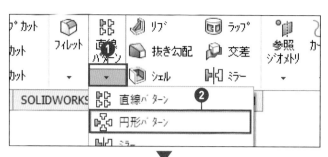

1 円形パターンを実行する

直線パターン下の[▼]をクリックし❶、[円形パターン]をクリックします❷。

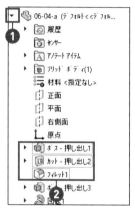
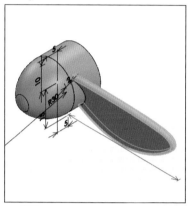

2 フィーチャーを選択する

「06-04-a」左の[▶]をクリックし❶、[ボス-押し出し1]、[カット-押し出し2]、[フィレット]をそれぞれクリックします❷。

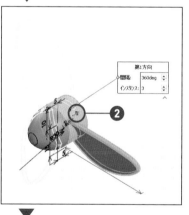

3 軸を選択する

[パターン軸]をクリックし❶、[本体部]をクリックします❷。

!)Check

オプションの「ジオメトリ パターン」にチェックが付いていることを確認してください。

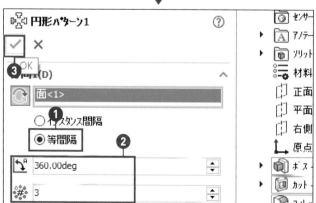

4 円形パターンの設定をする

[等間隔]をクリックし❶、「角度」と「インスタンス数」を次のとおりに設定します❷。[OK]をクリックします❸。

角度	360
インスタンス数	3

Chapter 6

MOBILE FAN のパーツを作成する

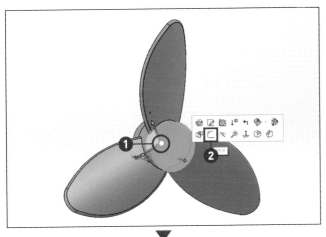

1 スケッチ環境にする

［面］をクリックし❶、［スケッチ］をクリックします❷。

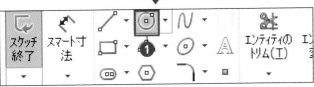

2 円を作成する

［円］をクリックし❶、［原点］をクリックして❷、［2点目］付近をクリックします❸。

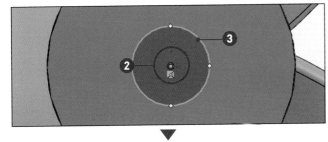

3 直径を追加する

［スマート寸法］をクリックし❶、円の「直径」を次のとおりに追加します❷。

直径	3

4 押し出し カットを実行する

［フィーチャー］タブをクリックし❶、［押し出し カット］をクリックします❷。

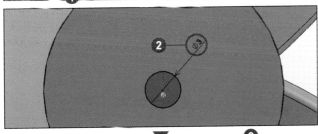

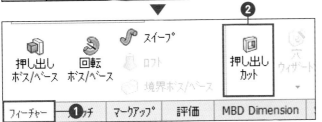

Chapter

6

MOBILE FAN のパーツを作成する

5 押し出し カットの設定をする

「押し出し状態」と「深さ / 厚み」を次のとおりに設定し❶、[OK]をクリックします❷。

押し出し状態	ブラインド
深さ / 厚み	8

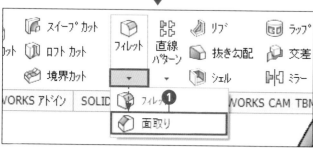

6 面取りを実行する

[面取り]をクリックします❶。

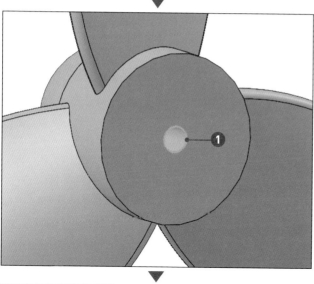

7 エッジを選択する

[エッジ]をクリックします❶。

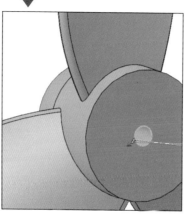

8 面取りの設定をする

パラメータの「距離」と「角度」を次のとおりに設定して❶、[OK]をクリックします❷。

距離	0.5
角度	45

MEMO　連続する円弧作成時の注意点

連続する円弧を作成するには、イメージが大切です。なるべくイメージした形状に近づけて作成しましょう。

● 作成したい形状（斜め）

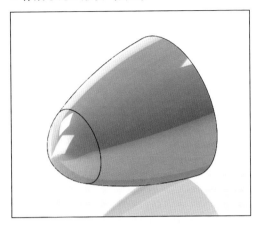

● 作成したい形状（正面）

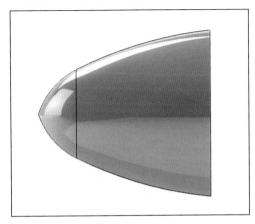

● イメージに近づけて作成した場合

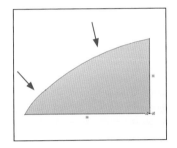

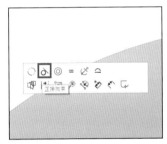

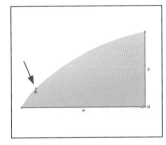

正接拘束を付加するとイメージどおりに正接します。

● イメージに近づけずに作成した場合

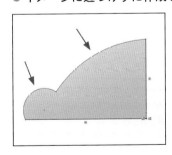

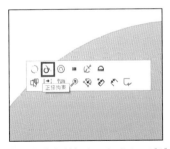

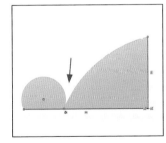

正接拘束を付加するとイメージどおりに正接しません。

Chapter
6

MOBILE FAN のパーツを作成する

SECTION 05

BASE を作成する

サンプルファイル 練習ファイル ▶ 06-05-a.sldprt 完成ファイル ▶ 06-05-z.sldprt

この節で行うこと

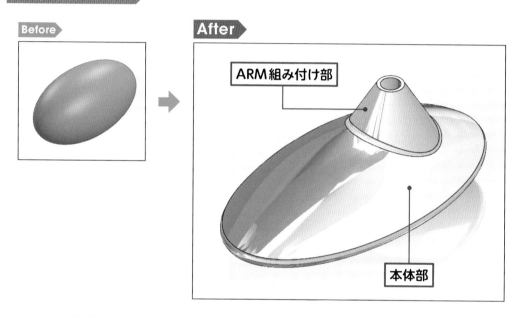

Before

After

ARM組み付け部

本体部

ここでは、基本的なスケッチ（楕円・直線・円コマンドなど）や、フィーチャー（回転・押し出しカット・
参照平面・フィレットなど）を用いて MOBILE FAN の BASE を作成します。

● MOBILE FANのBASEを作成する

この節では、「BASE」のパーツモデルを作成します。練習ファイルは「06-05-a.sldprt」です。はじ
めに「本体部」を作成します。楕円スケッチの作成後、拘束定義を行い、回転フィーチャーを使用
し、本体部の元となる形状を作成します。回転フィーチャーで作成するためには、スケッチは半分
にする必要があります。続いて STEP2 では本体部の形状になるよう、不要な部分を押し出しカット
フィーチャーでカットし、フラットな面を作成します。STEP3 では、直線と作図線を使ってスケッ
チを作成し、回転フィーチャーで「ARM組み付け部」を作成します。STEP4 では、円のスケッチと
押し出しカット フィーチャーで、ARMを組み付ける穴を作成します。外形状ができたところで、
全体的にフィレット フィーチャーで丸みを付けます。STEP6 で、シェルフィーチャーを使って厚
み1mmに薄肉化します。STEP7 では、断面表示にして内部を確認します。STEP8 で、本体部の裏
面に脚を追加し、STEP9 では、参照平面を使用してスケッチを作成後、ケーブル穴を完成します。

Chapter 6
MOBILE FAN のパーツを作成する

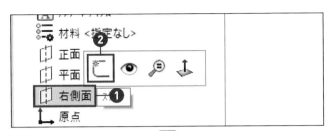

1 スケッチ環境にする

[右側面]をクリックし❶、[スケッチ]をクリックします❷。

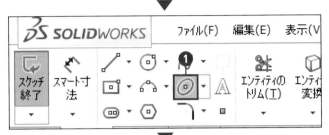

2 楕円コマンドを実行する

[楕円]をクリックします❶。

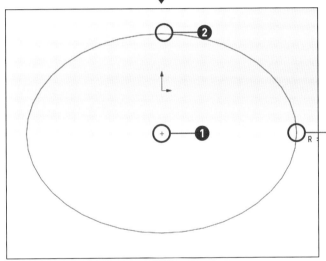

3 楕円を作成する

[原点]の少し下で1点目をクリックし❶、2点目付近をクリック❷、続けて3点目付近をクリックします❸。Esc キーを押してコマンドを終了します。

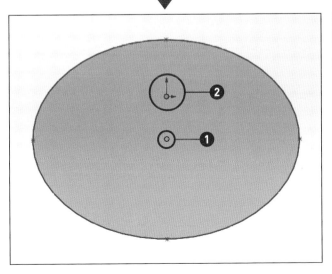

4 要素を選択する

Ctrl キーを押しながら[楕円の中心点]をクリックし❶、[原点]をクリックします❷。

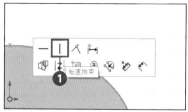

5 幾何拘束を付加する

[鉛直]をクリックします❶。

6 スマート寸法を追加する

「スマート寸法」をクリックし❶、楕円の「長軸寸法」と「短軸寸法」を次のとおりに追加します❷。

長軸寸法	110
短軸寸法	60

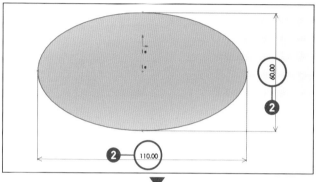

7 直線を追加する

[直線]をクリックし❶、[1点目]をクリック❷、続けて[2点目]をクリックし、長軸に水平な直線を描きます❸。

⚠ Check

1点目、2点目は楕円の四半円点です。

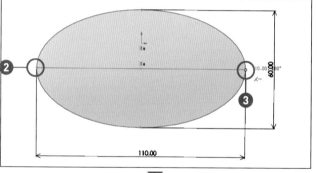

8 寸法を追加する

[点]をクリックし❶、[楕円上]でクリックします❷。作成後、Esc キーでコマンドを解除します。

⚠ Check

点の作成位置は、左上付近です。

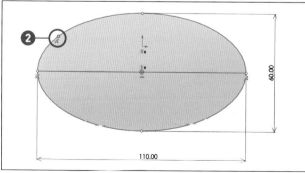

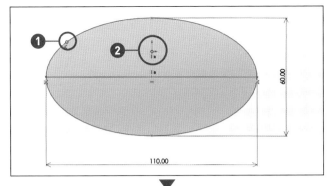

9 要素を選択する

Ctrl キーを押しながら[点]をクリックし
❶、[原点]をクリックします❷。

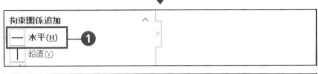

10 幾何拘束を付加する

[水平]をクリックします❶。

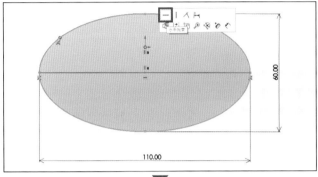

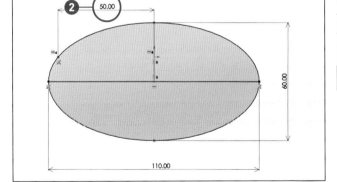

11 スマート寸法を追加する

[スマート寸法]をクリックし❶、「点の距
離」を次のとおりに追加します❷。

点の距離	50

⊙Check

完全定義であることを確認しましょう。

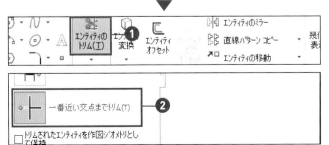

12 エンティティのトリムを
実行する

[エンティティのトリム]をクリックし❶、
オプションの[一番近い交点までトリム]を
クリックします❷。

13 楕円を半分にする

楕円の［下側］をクリックし❶、［スケッチ
終了］をクリックします❷。

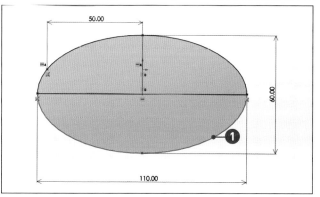

14 回転フィーチャーに切り替える

［フィーチャー］タブをクリックし❶、［回
転 ボス / ベース］をクリックします❷。

15 回転軸を選択する

スケッチ内の［直線］をクリックします❶。

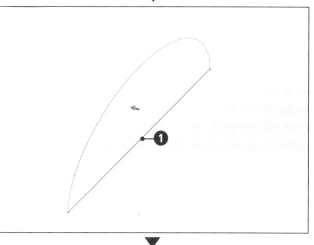

16 回転フィーチャーを完了する

［OK］をクリックし❶、［保存］をクリック
します❷。

1 平面を選択する

[平面] をクリックします❶。

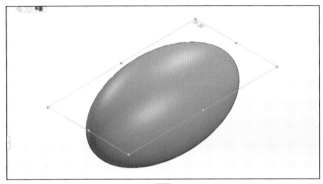

2 スケッチ環境にする

[スケッチ] をクリックします❶。

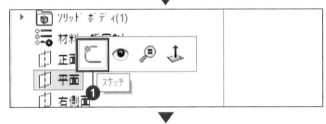

3 矩形中心コマンドを実行する

[矩形中心] をクリックします❶。

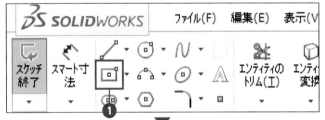

4 矩形を作成する

[原点] をクリックし❶、楕円より大きくなるように、[2点目] 付近をクリックします❷。

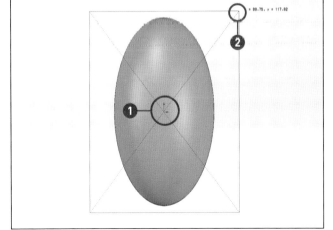

Chapter

6

MOBILE FAN のパーツを作成する

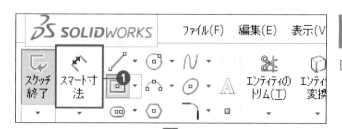

5 スマート寸法を実行する

[スマート寸法]をクリックします❶。

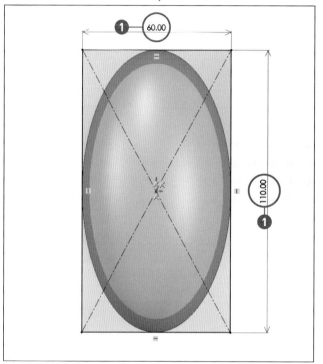

6 縦、横の長さを決める

矩形の「縦長さ」と「横長さ」を次のとおりに
追加します❶。

縦長さ	110
横長さ	60

7 押し出しカット フィーチャーに切り替える

[フィーチャー]タブをクリックし❶、[押し出し カット]をクリックします❷。

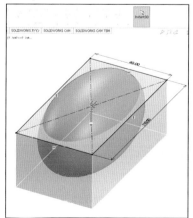

8 押し出し カットの設定をする

「押し出し状態」を次のとおりに設定し❶、
[OK]をクリックします❷。

押し出し状態	全貫通

STEP 3 〉 ARM組み付け部を作成する

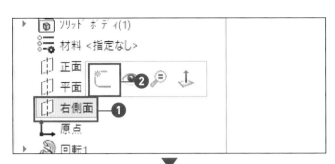

1 スケッチ環境にする

[右側面]をクリックし**❶**、[スケッチ]をクリックします**❷**。

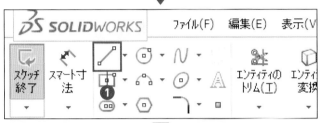

2 直線コマンドを実行する

[直線]をクリックします**❶**。

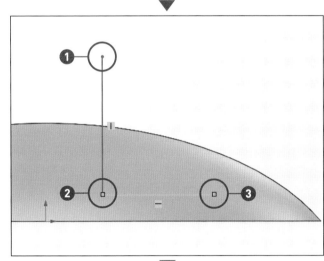

3 直線を作成する

[1点目]付近をクリックし**❶**、[2点目]付近**❷**、[3点目]付近をクリックします**❸**。

⚠ Check

線はそれぞれ鉛直、水平にします。

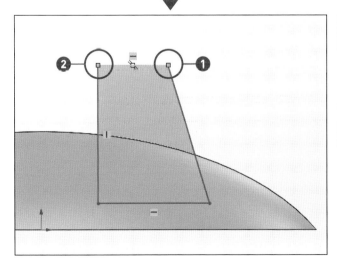

4 領域を完成する

続けて[4点目]付近をクリックし**❶**、[1点目]と一致させます**❷**。

⚠ Check

❶❷の線は水平にします。

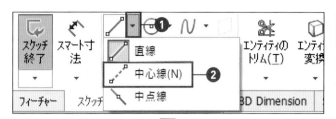

5 中心線を実行する

直線コマンド右の[▼]をクリックし❶、[中心線]をクリックします❷。

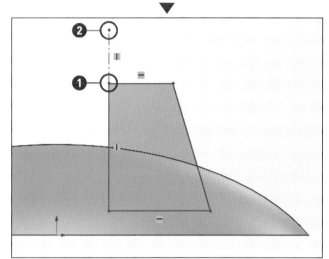

6 中心線を追加する

手順❹で作成した領域の左上角で[1点目]をクリックし❶、[2点目]付近をクリックします❷。

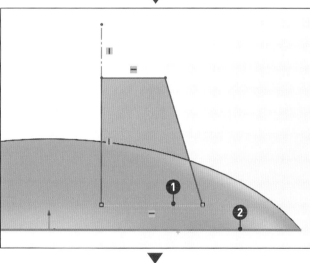

7 要素を選択する

[Ctrl]キーを押しながら、[線]をクリックし❶、[エッジ]をクリックします❷。

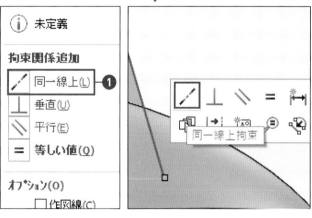

8 幾何拘束を付加する

[同一線上]をクリックします❶。

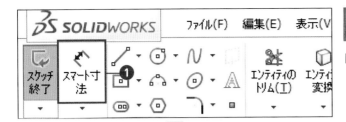

9 スマート寸法を実行する

[スマート寸法]をクリックします❶。

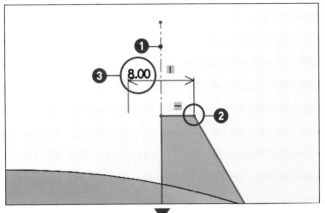

10 押し出しの設定をする

[中心線]をクリックし❶、[端点]をクリックします❷。「直径」を次のとおりに追加します❸。

直径	8

⚠ Check

対称寸法については P.65 を参照してください。

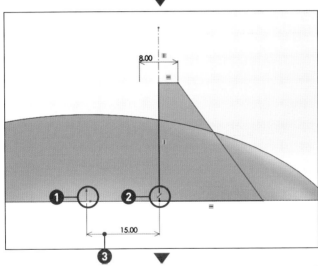

11 距離を追加する

[原点]をクリックし❶、[端点]をクリックします❷。「距離」を次のとおりに追加します❸。

距離	15

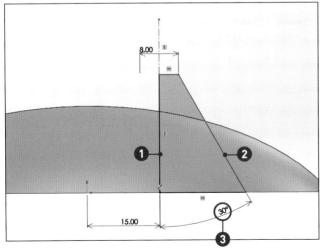

12 角度を追加する

鉛直な[直線]をクリックし❶、斜めの[直線]をクリックします❷。「角度」を次のとおりに追加します❸。

角度	30

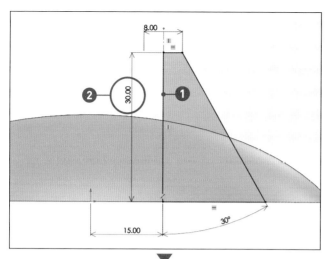

13 長さを追加する

鉛直な[直線]をクリックします❶。「長さ」を次のとおりに追加します❷。

長さ	30

14 回転フィーチャーを実行する

[フィーチャー]タブをクリックし❶、[回転 ボス/ベース]をクリックします❷。

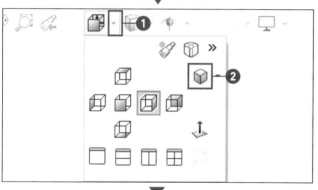

15 プレビューを確認する

表示方向右の[▼]をクリックし❶、[等角投影]をクリックします❷。

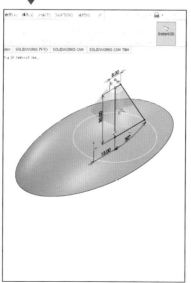

16 回転フィーチャーを終了する

[OK]をクリックします❶。

⊕ Check

STEP 終了ごとに上書き保存をしましょう。

Chapter 6
MOBILE FAN のパーツを作成する

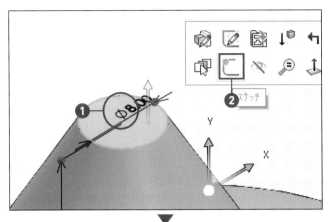

1 スケッチ環境にする

[面]をクリックし❶、[スケッチ]をクリックします❷。

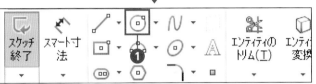

2 円を作成する

[円]をクリックします❶。[1点目]付近をクリックし❷、[2点目]付近をクリックします❸。

⊘Check

円を作成したら、Esc キーを2回押します。

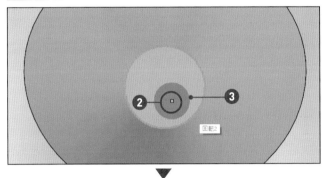

3 要素を選択する

Ctrl キーを押しながら、手順2 で作成した円をクリックし❶、[エッジ]をクリックします❷。

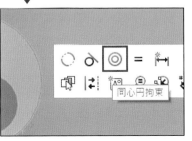

4 幾何拘束を付加する

[同心円]をクリックします❶。

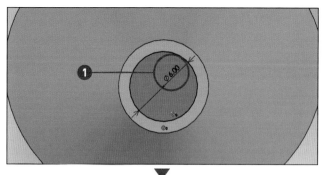

5 直径を追加する

円の「直径」を次のとおりに追加します❶。

直径	6

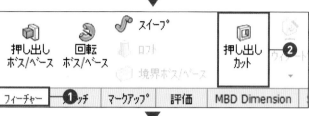

6 押し出しカットに切り替える

［フィーチャー］タブをクリックし❶、［押し出し カット］をクリックします❷。

7 押し出しの設定をする

「押し出し状態」と「深さ/厚み」を次のとおりに設定し❶、［OK］をクリックします❷。

押し出し状態	ブラインド
深さ/厚み	20

📖 MEMO 押し出し状態

押し出し状態は状況によって設定を変えましょう。「ブラインド」だけではなく「次サーフェスまで」、「全貫通」、「端サーフェス指定」などを設定することで、後の編集で手数を減らしたり、誤った形状の作成を軽減したりすることができます。

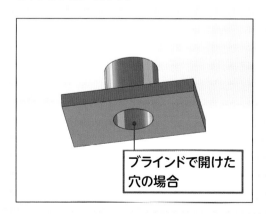

ブラインドで開けた穴の場合

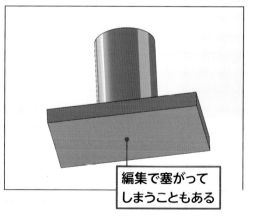

編集で塞がってしまうこともある

STEP 5 フィレットを追加する

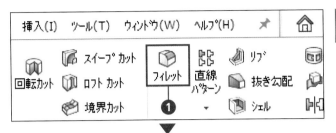

1 フィレットを実行する

[フィレット]をクリックします❶。

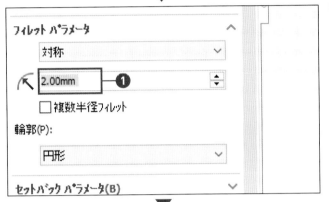

2 半径を入力する

[半径]に次の値を入力します❶。

半径	2

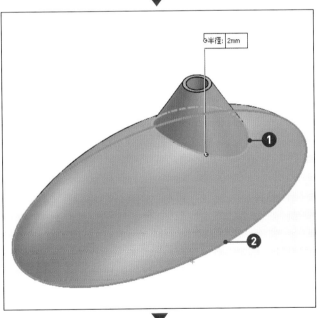

3 エッジを選択する

[エッジ]をクリックします❶ ❷。

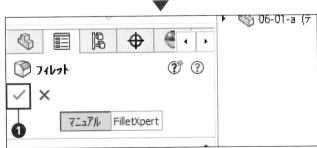

4 フィレットを終了する

[OK]をクリックします❶。

STEP 6 〉 シェルを追加する

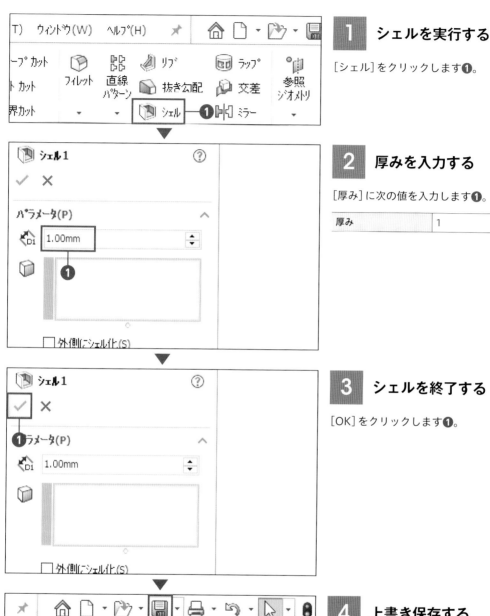

1 シェルを実行する

[シェル]をクリックします❶。

2 厚みを入力する

[厚み]に次の値を入力します❶。

厚み	1

3 シェルを終了する

[OK]をクリックします❶。

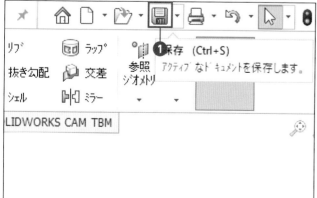

4 上書き保存する

[保存]をクリックします❶。

Chapter **6** MOBILE FAN のパーツを作成する

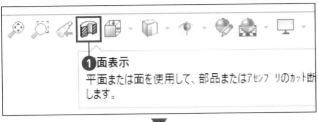

1 断面表示を実行する

［断面表示］をクリックします❶。

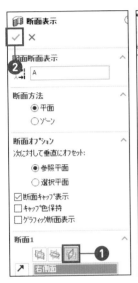

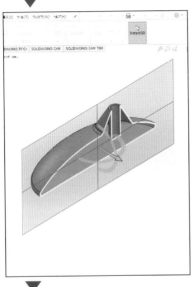

2 面を選択する

［右側面］をクリックし❶、［OK］をクリックします❷。

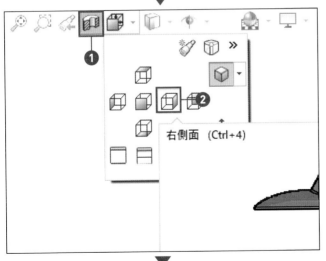

3 断面を確認する

［表示方向］をクリックし❶、［右側面］をクリックします❷。

①Check

表示方向をいろいろ変えてみましょう。

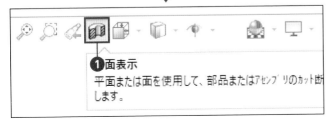

4 断面表示を終了する

［断面表示］をクリックします❶。

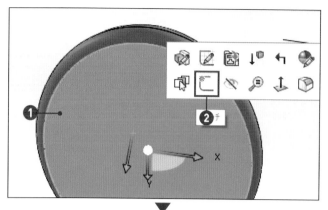

1 スケッチ環境にする

本体部の［裏面］をクリックし❶、［スケッチ］をクリックします❷。

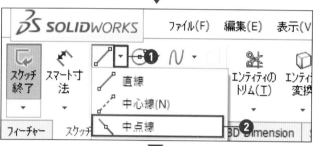

2 中点線を実行する

直線右の［▼］をクリックし❶、［中点線］をクリックします❷。

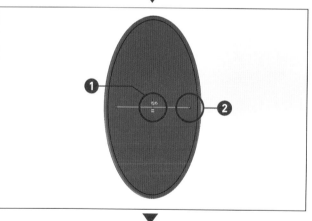

3 1本目を作成する

［原点］をクリックし❶、［2点目］付近をクリックします❷。

①Check

Esc キーを押して、いったんコマンドを終了します。

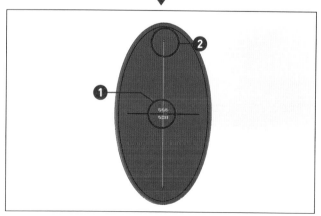

4 2本目を作成する

再度手順2を実行します。［原点］をクリックし❶、［2点目］付近をクリックします❷。

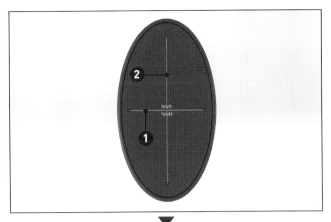

5 要素を選択する

Ctrl キーを押しながら、手順3 4 で作成した直線をクリックします❶ ❷。

6 作図線に変更する

[作図線] をクリックします❶。

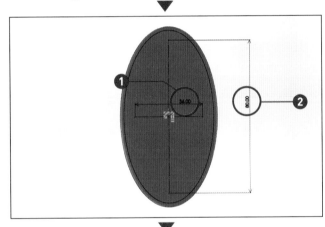

7 長さ寸法を追加する

1本目の「長さ」❶と2本目の「長さ」❷を次のとおりに追加します。

| 1本目の長さ | 36 |
| 2本目の長さ | 80 |

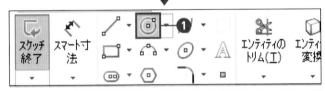

8 円を作成する

[円]をクリックします❶。作図線の[端点]をクリックし❷、[2点目]付近をクリックします❸。

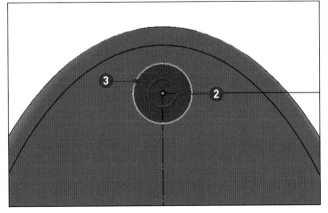

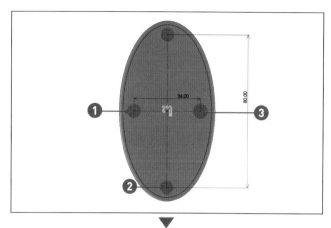

9 円を追加する

作図線の端点3ヶ所に [円] を追加します❶❷❸。

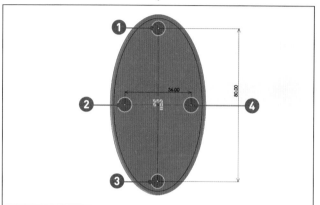

10 要素を選択する

Ctrl キーを押しながら、[4つの円] をクリックします❶❷❸❹。

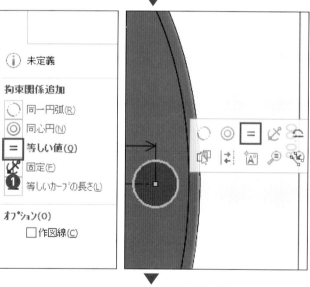

11 幾何拘束を追加する

[等しい値] をクリックします❶。

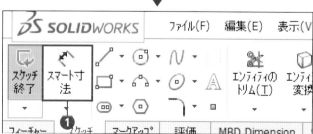

12 スマート寸法を実行する

[スマート寸法] をクリックします❶。

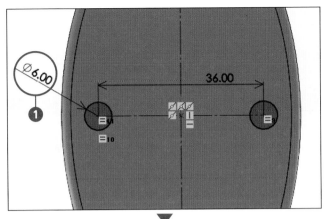

13 直径を追加する

円の「直径」を次のとおりに追加します❶。

直径	6

14 押し出しを実行する

[フィーチャー]タブをクリックし❶、[押し出し ボス/ベース]をクリックします❷。

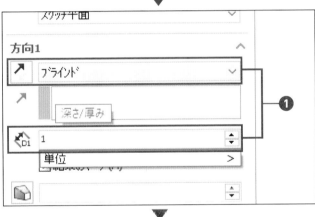

15 押し出しの設定をする

「押し出し状態」と「深さ/厚み」を次のとおりに設定します❶。

押し出し状態	ブラインド
深さ/厚み	1

16 OKする

[OK]をクリックします❶。

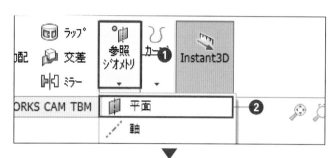

1 参照平面を実行する

[参照ジオメトリ]をクリックし❶、[平面]をクリックします❷。

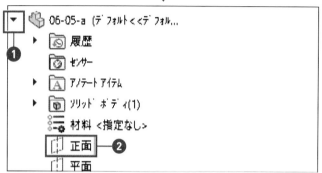

2 基準面を選択する

「06-05-a」左の[▶]をクリックし❶、[正面]をクリックします❷。

3 オフセット距離を入力する

[オフセット方向反転]をクリックし❶、「オフセット距離」に次の値を入力します❷。

オフセット距離	50

⚠ Check

プレビューで向きを確認しましょう。

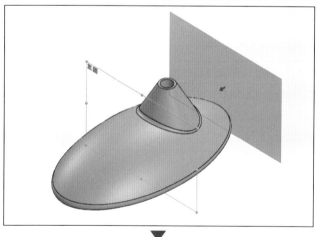

4 参照平面を終了する

[OK]をクリックします❶。

⚠ Check

Esc キーを押してコマンドを終了します。

Chapter 6
MOBILE FAN のパーツを作成する

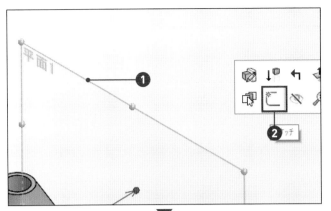

5 スケッチ環境にする

[平面]をクリックし❶、[スケッチ]をクリックします❷。

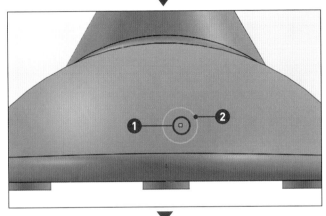

6 円を作成する

[円]をクリックします。[1点目]付近をクリックし❶、[2点目]付近をクリックします❷。

ⓘCheck

1点目は、原点の少し上でクリックしましょう。

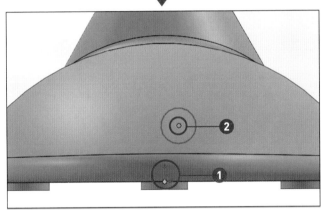

7 要素を選択する

Ctrl キーを押しながら、[原点]をクリックし❶、円の[中心点]をクリックします❷。

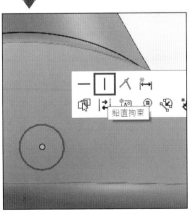

8 幾何拘束を付加する

[鉛直]をクリックします❶。

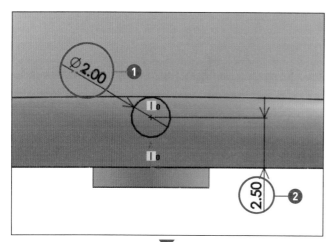

9 直径と距離を追加する

円の「直径」と円の中心と原点の「距離」を次のとおりに追加します❶❷。

直径	2
距離	2.5

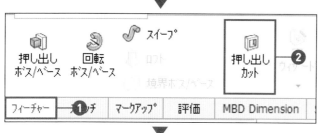

10 押し出しカットを実行する

[フィーチャー] タブをクリックし❶、[押し出し カット]をクリックします❷。

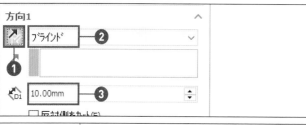

11 押し出しカットの設定をする

[反対方向]をクリックし❶、「押し出し状態」と「深さ / 厚み」を次のとおりに設定します❷❸。

押し出し状態	ブラインド
深さ / 厚み	10

①Check

プレビューで向きを確認しましょう。

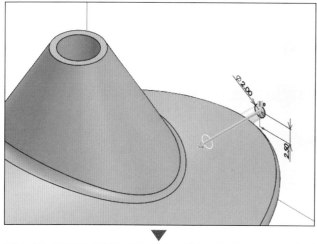

12 押し出しカットを終了する

[OK]をクリックします❶。

①Check

パーツに色を付けるには P.326、参照平面の非表示は P.79 を参照してください。

MOBILE FAN の
アセンブリを作成する

01 アセンブリの基礎知識

ここでは、アセンブリについて説明します。前半では、部品を組み付ける「合致」をメインに基礎知識
を説明し、練習を行います。後半では、MOBILE FANの組み付けを行います。合致は選択要素によっ
てさまざまな組み合わせができるため迷いやすいので基本をしっかりと覚えましょう。

● アセンブリとは

アセンブリとは、作成した部品を実際の製品同様にイメージして、組み立て作業を行うことです。
組み立て作業において、部品同士に「合致」という条件付けを行います。いわゆる「アセンブリ拘束」
です。合致には大きく分けて「標準合致」、「詳細設定合致」、「機械的合致」があります。本書では、
組み付けを行うための「標準合致」について説明します。部品を作成するときは、スケッチに拘束条
件を付けました。スケッチの拘束と似ていますが、アセンブリでは立体的にどのように組み付ける
のかをイメージしなければなりません。拘束条件自体はさほど多くはありませんが、条件を付ける
選択対象の組み合せが非常に多くあります。この章で合致条件の基本をしっかりと覚えましょう。

● アセンブリのイメージ

❶ベース部品を挿入します。

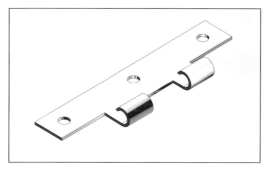

❷2つ目の部品を挿入します。

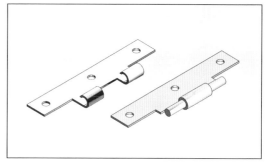

❸1つ目の合致を付けます。

❹さらに合致を付けて組み付けます。

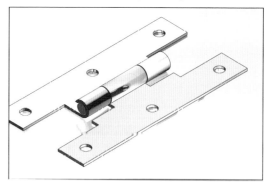

● アセンブリの環境に入る

ここでは、アセンブリ環境を表示する方法について操作の説明を行います。

① [新規]をクリックし、[アセンブリ]をダブルクリックします。

② 挿入するファイルをダブルクリックします。

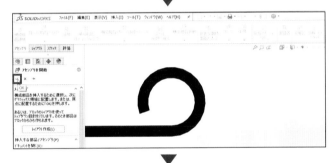

③ [OK]をクリックします。

④ 最初の部品が挿入されました。

⑤ 2つ目以降部品を挿入するには、[既存の部品/アセンブリ]をクリックし、挿入するファイルを選択します。

● 同じ部品を複数挿入する

アセンブリでは同じ部品を複数挿入する場合があります。部品を複数挿入する方法について説明します。方法は2つあります。

● 挿入時点で複数挿入

①挿入時に[ピン]をクリックします。

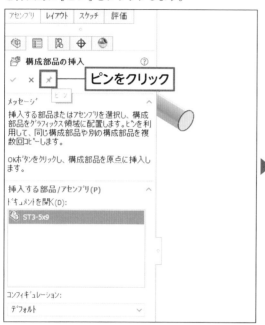

②グラフィックス領域を連続してクリックします。

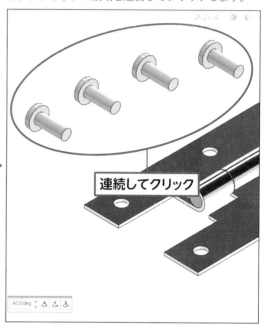

● 挿入後に複写

①部品を挿入します。

②[Ctrl]キーを押しながら部品をドラッグします。

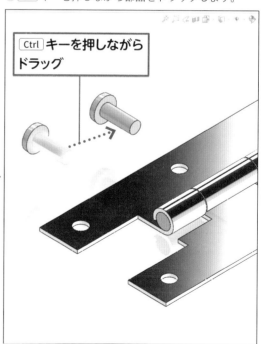

合致について

部品を組み付けるには、部品間にさまざまな条件を付けます。これを「合致」といいます。合致は、「合致」をクリックすることで設定することができます。先に述べたように、合致には「標準合致」、「詳細設定合致」、「機械的合致」の3タイプがあります。ここでは、「標準合致」について説明します。

①「合致」をクリックします。

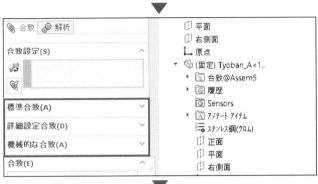

②合致には「標準合致」、「詳細設定合致」、「機械的合致」があります。

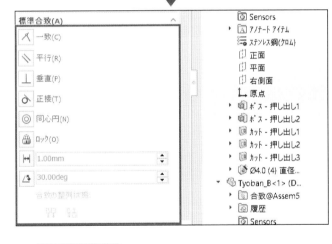

③標準合致には6種類の合致条件があります。その他にオフセット距離や角度を付けたり、合致する向きを変えたりする追加設定もあります。

MEMO 合致の編集

合致を編集するには、各部品の「合致」を展開し、編集する合致で右クリックし、フィーチャ編集を選択します。

合致の種類(一致)

一致は、平面やエッジ、端点を選択して付加します。選択した平面やエッジが、無限の同じ平面になるようにそろえて配置します。また、端点の場合は二つの頂点が一致するように配置します。

1) 選択面 平面①と平面②をそろえて合致

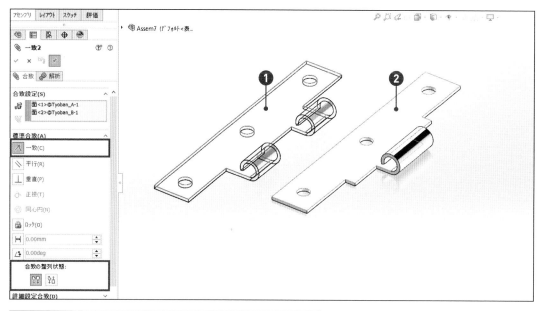

条件	一致
合致の整列状態	整列

2) 選択面 平面③と平面④を向かい合わせて合致

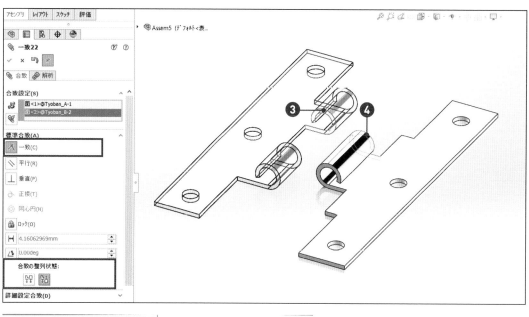

条件	一致
合致の整列状態	非整列

● 合致の種類（正接）

正接は、選択アイテムの曲面と平面、あるいは曲面どうしを正接な状態にする合致です。

● 1）選択面 平面❶と曲面❷の正接

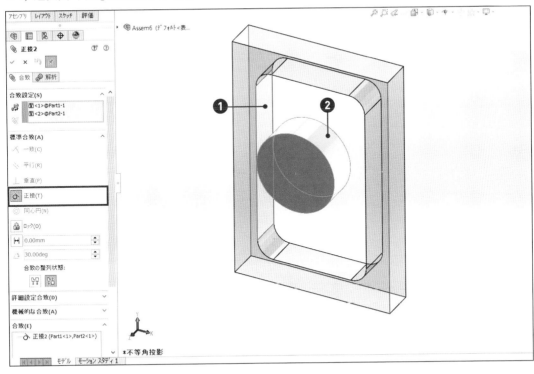

● 2）選択面 曲面❸と曲面❹の正接

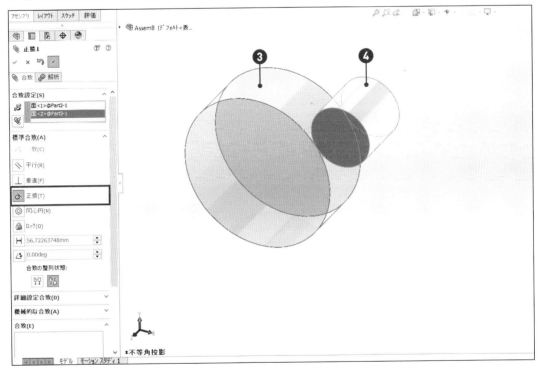

MOBILE FAN のアセンブリを作成する

合致の種類（同心円）

同心円は、選択アイテムに共通の中心線が使用されるように配置します。もっともわかりやすいのは、ボルトを穴に組み付けるときのイメージです。同心円合致では、の場合アイテムが回転してしまいます。回転させたくない場合は、回転のロックを選択します。

● 1）選択面 ヒンジ面❶と❷の同心円

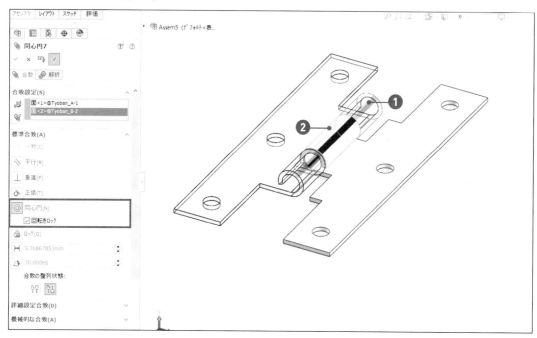

● 2）選択面 ボルト面❸と穴面❹の同心円

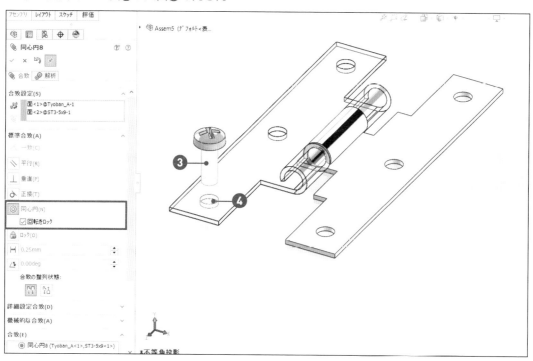

合致の種類（距離と角度）

距離は一致などの合致条件を付加した後、選択アイテム間に距離を指定して配置します。角度は一致などの合致条件を付加した後、選択アイテム間に角度を指定して配置します。値を指定する場合は、それぞれのアイコンをクリックして入力します。

● 1) 距離 0mm の場合   ● 2) 距離 1mm の場合

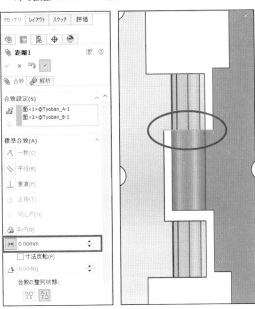 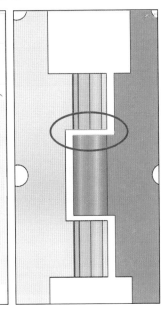

● 3) 角度 0° の場合

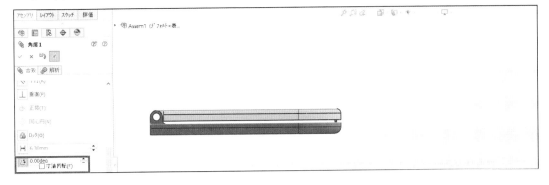

● 4) 角度 30° の場合

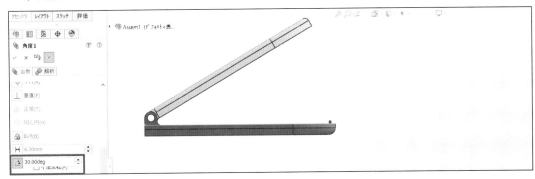

SECTION 02

アセンブリの練習

サンプルファイル　練習ファイル▶ 07-02-a.sldasm　完成ファイル▶ 07-02-z.sldasm

この節で行うこと

Before　After

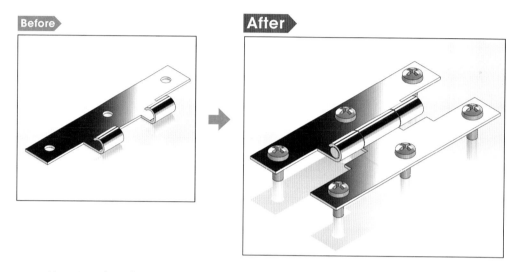

ここでは、アセンブリの練習としてTYOBAN-ASSYの組み付けを行います。アセンブリ環境への部品の
挿入方法、合致の要素選択と種類の確認、同じ部品を複数挿入する方法などを練習します。

● 標準合致を使用してみる

この節では、「TYOBAN」のアセンブリモデルを作成します。はじめにベース部品「TYOBAN-A」を
挿入します。挿入する際は、基本的にアセンブリ原点と部品の原点が一致するようにします。一番
最初に挿入する部品は、その製品のベースとなるものにしましょう。挿入された部品は固定される
ためドラッグしても動きません。STEP2で2つ目の部品「TYOBAN-B」を挿入します。STEP3では、
「TYOBAN-A」と「TYOBAN-B」に標準合致を付けます。SOLIDWORKSでは要素を選択すると自動
的に合致が選択されるので、それが適切なのかを判断しましょう。向きなども注意してください。
続いて3つ目の部品「ST3-5x9」というねじを挿入します。ねじは6つ必要です。複数配置の仕方を
覚えましょう。最後に、「TYOBAN-A」「TYOBAN-B」との間に、「一致」と「同心円」の合致を付けま
す。

ベース部品を挿入する

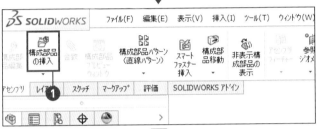

練習ファイルを開く

[開く]→[07-02-a.sldasm]をダブルク
リックします❶❷。

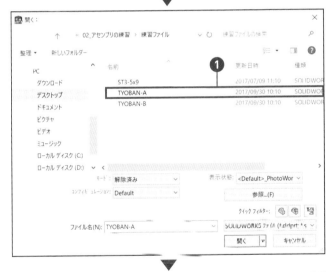

挿入コマンドを実行する

「既存の部品/アセンブリ」をクリックしま
す❶。

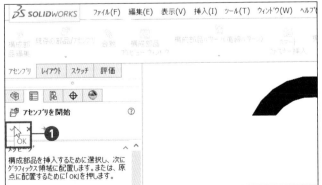

部品を選択する

[TYOBAN-A]をダブルクリックします❶。

原点を一致する

[OK]をクリックします❶。

👉 Point

ここで[OK]をクリックすると、アセンブ
リと部品の原点が一致します。

コマンドを実行する

［既存の部品/アセンブリ］をクリックします❶。

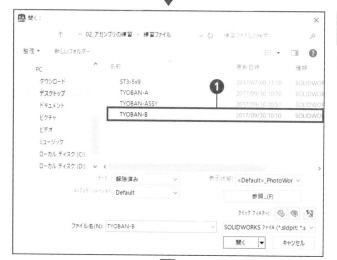

部品を選択する

［TYOBAN-B］をダブルクリックします❶。

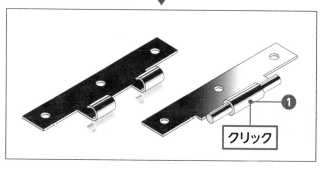

部品を配置する

［グラフィックス領域］をクリックします❶。

クリック

MEMO　部品挿入について

新規にアセンブリを立ち上げたり、「既存の部品/アセンブリ」をクリックしたりすると、すぐに部品ファイルを選択するダイアログボックスが表示されますが、開いている部品があると表示されないことがあります。その場合は、［参照］をクリックします。

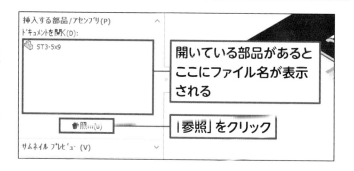

開いている部品があるとここにファイル名が表示される

「参照」をクリック

STEP 3 〉 合致を付ける

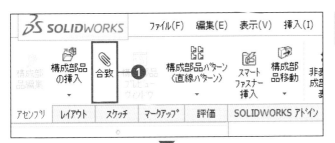

1 合致を実行する

[合致]をクリックします❶。

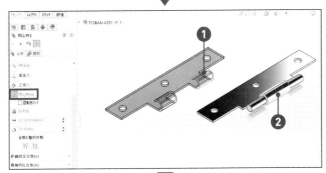

2 要素を選択する

TYOBAN A と TYOBAN B それぞれの[ヒンジ部]をクリックします❶❷。

⚠ Check

合致は自動的に「同心円」となっています。

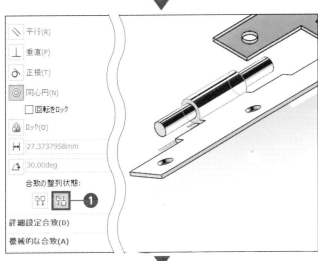

3 向きを変更する

[非整列]をクリックします❶。

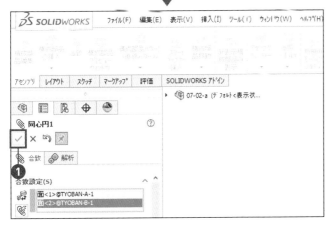

4 適用する

[OK]をクリックします❶。

⚠ Check

[OK]を1回クリックすると「適用」、2回クリックすると「終了」になります。

Chapter
7

MOBILE FAN のアセンブリを作成する

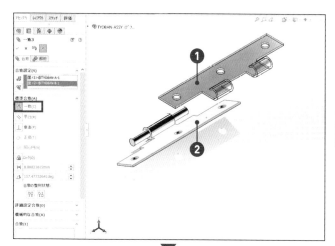

5 要素を選択する

TYOBAN AとTYOBAN Bそれぞれの[平面]をクリックします❶❷。

(!) Check

合致は自動的に「一致」になります。

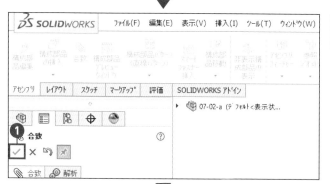

6 適用する

[OK]をクリックします❶。

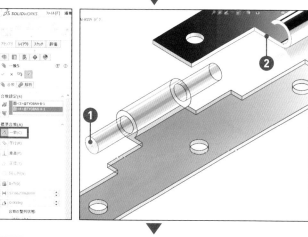

7 要素を選択する

TYOBAN AとTYOBAN Bそれぞれの[面]をクリックします❶❷。

(!) Check

合致は、自動的に「一致」になります。

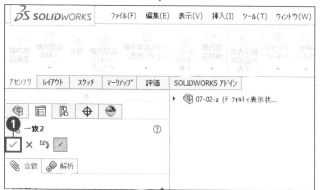

8 合致を終了する

[OK]を2回クリックします❶。

1 コマンドを実行する

[構成部品の挿入]をクリックします❶。

2 部品を選択する

[ST3-5x9]をダブルクリックします❶。

3 複数配置の準備をする

[ピン]をクリックします❶。

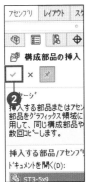
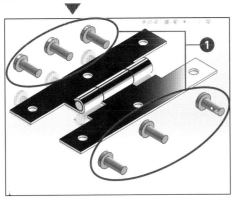

4 部品を6個配置する

[グラフィックス領域]を6回クリックし
❶、[OK]をクリックします❷。

1 合致を実行する

［合致］をクリックします❶。

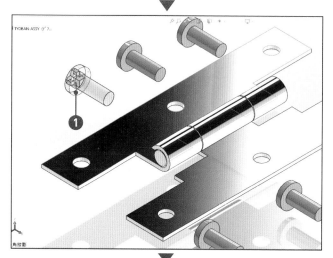

2 要素1を選択する

ねじの［面］をクリックします❶。

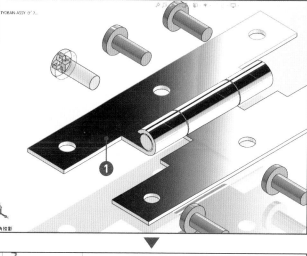

3 要素2を選択する

蝶番の［面］をクリックします❶。

4 適用する

［OK］をクリックします❶。

Chapter
7

MOBILE FAN のアセンブリを作成する

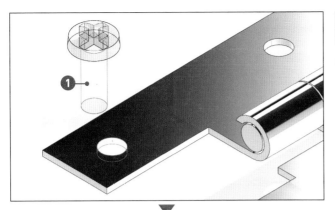

5 要素1を選択する

ねじの[面]をクリックします❶。

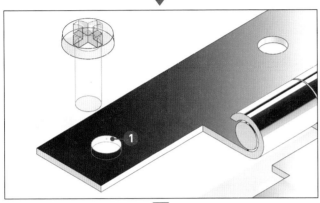

6 要素2を選択する

蝶番の穴の[面]をクリックします❶。

7 回転をロックする

[回転をロック]をクリックし❶、[OK]を
クリックします❷。

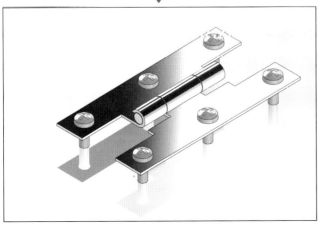

8 すべてのねじに合致を付ける

同様にして6つのねじすべてに合致を付け
ます。

SECTION 03

MOBILE FAN を組み立てる

サンプルファイル　練習ファイル▶ 07-03-a.sldasm　完成ファイル▶ 07 03 z.sldasm

この節で行うこと

Before

After

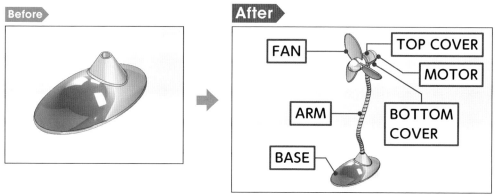

FAN
TOP COVER
MOTOR
ARM
BOTTOM COVER
BASE

MOBILE FANの組み付けを行います。前節のアセンブリの練習を思い出しながら操作しましょう。組み付けには、基準面を利用すると効果的です。意識しながら作業してください。

◉ 標準合致でMOBILE FANを組み付ける

この節では、第6章で作成したMOBILE FANの部品を、標準合致を使用して組み付けを行います。練習ファイル「07-03-a.sldasm」を開き、最初の部品を挿入します。最初の部品は、アセンブリの原点と部品の原点が一致するように配置します。アセンブリでは、製品の基準となる部品などを最初に挿入し、原点を一致させておきましょう。はじめに「BASE」を挿入します。グラフィックス領域内でクリックしないように注意しましょう。続いて「ARM」を挿入します。2つ目以降の部品はいったん、グラフィックス領域に配置します。合致する要素を選択し、「一致」や「同心円」合致でBASEと組み付けます。SOLIDWORKSではプレビュー表示が有効な場合、選択した要素によって自動的に適切な合致が選択されるので、慣れるまではどのような合致が選択されたのかを都度確認するようにしましょう。プレビュー表示は、かえって作業がしにくい場合は解除しましょう。P.254でも解除しています。

BASEとARMのような円柱形状を合致する際、回転しないように合致する必要があります。部品の基準面を選択して、合致することに注目してください。「BOTTOM COVER」、「MOTOR」も同様の合致でそれぞれ組み付けます。「TOP COVER」は「BOTTOM COVER」の勘合部に合致を追加します。最後に、「FAN」もARMと同様の合致で組み付けて完成します。

Chapter 7 MOBILE FAN のアセンブリを作成する

BASE を挿入する

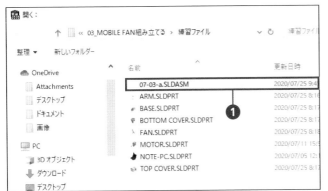

1 練習ファイルを開く

[07-03-a.sldasm] をダブルクリックします❶。

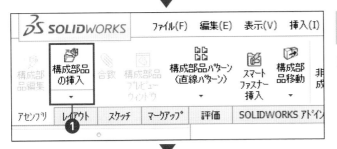

2 部品挿入を実行する

[構成部品の挿入] をクリックします❶。

3 BASE を選択する

[BASE] をダブルクリックします❶。

4 BASE を配置する

[OK] をクリックします❶。

☞ Point

ここで [OK] をクリックすると、アセンブリと部品の原点が一致します。

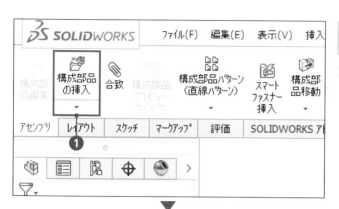

1 部品挿入を実行する

［構成部品の挿入］をクリックします❶。

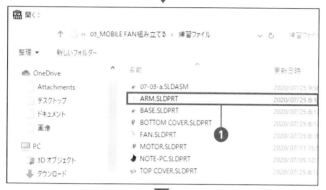

2 ARMを選択する

［ARM］をダブルクリックします❶。

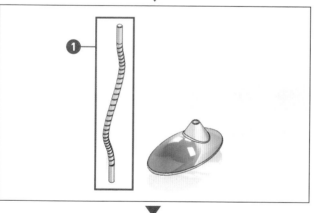

3 ARMを配置する

［グラフィックス領域］の任意の場所をクリックして配置します❶。

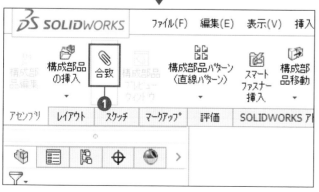

4 合致を実行する

［合致］をクリックします❶。

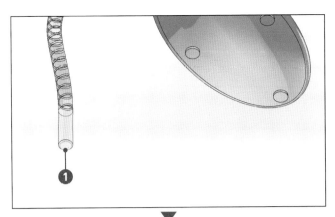

5 要素1を選択する

ARMの下の[面]をクリックします❶。

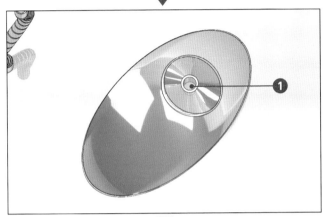

6 要素2を選択する

BASEのARM組み付け口の[面]をクリックします❶。

⊘ Check

ここでは「一致」になります。

7 適用する

[OK]をクリックします❶。

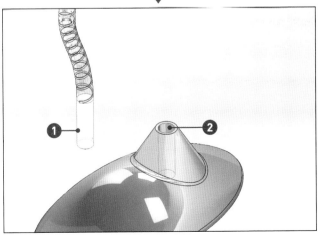

8 要素を選択する

ARMとBASEのそれぞれの[面]をクリックします❶❷。

⊘ Check

ここでは「同心円」になります。

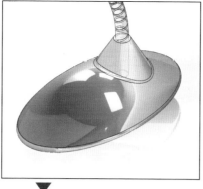

9　適用する

[OK]をクリックします**①**。

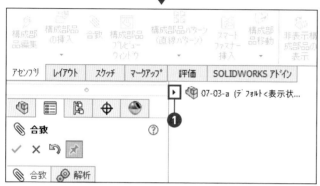

10　ツリーを展開する

「07-03-a」左の▶をクリックします**①**。

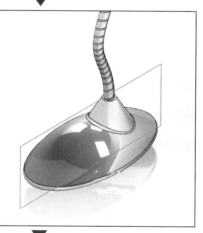

11　BASEの平面を選択する

BASE左の▶をクリックし**①**、[右側面]をクリックします**②**。

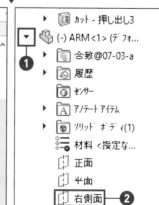

12　ARMの平面を選択する

ARM左の▶をクリックし**①**、[右側面]をクリックします**②**。[OK]を2回クリックします**③**。

① Check

ここでは「一致」になります。

MOBILE FAN のアセンブリを作成する

Chapter 7

STEP 3 > ARMにBOTTOM COVERを組み付ける

1 BOTTOM COVERを挿入する

[構成部品の挿入]をクリックします❶。
[BOTTOM COVER]をダブルクリックして配置します❷。

2 合致を実行する

[合致]をクリックします❶。

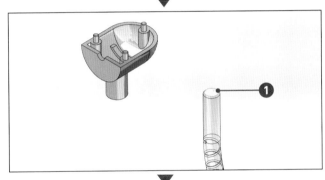

3 要素1を選択する

ARMの上の[面]をクリックします❶。

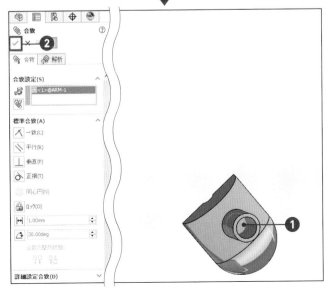

4 要素2を選択する

BOTTOM COVERの[面]をクリックし❶、[OK]をクリックします❷。

Chapter 7　MOBILE FAN のアセンブリを作成する

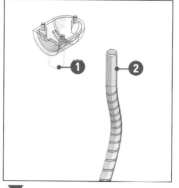

5 要素を選択する

それぞれの[面]をクリックし❶❷、[OK]
をクリックします❸。

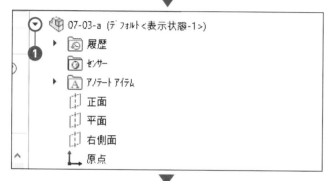

6 ツリーを展開する

「07-03-a」左の▶をクリックします❶。

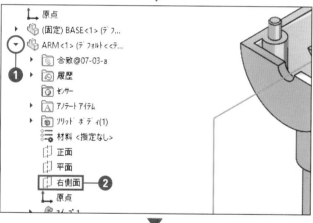

7 ARMの平面を選択する

ARM左の▶をクリックし❶、[右側面]を
クリックします❷。

8 BOTTOM COVERの平面を選択する

BOTTOM COVER左の▶をクリックし❶、
[右側面]をクリックします❷。[OK]を2
回クリックします❸。

BOTTOM COVERにMOTORを組み付ける

1 MOTORを挿入する

[構成部品の挿入]をクリックします❶。
[MOTOR]をダブルクリックして配置します❷。

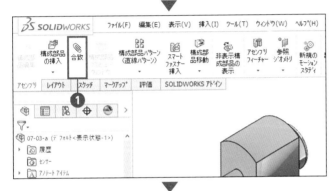

2 合致を実行する

[合致]をクリックします❶。

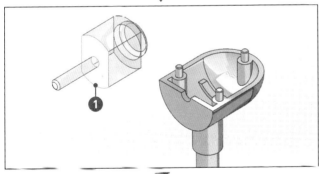

3 要素1を選択する

MOTORの[面]をクリックします❶。

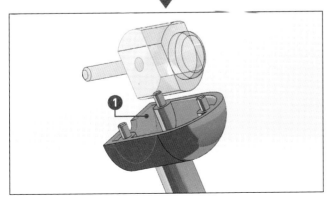

4 要素2を選択する

MOTOR COVERの[面]をクリックします
❶。

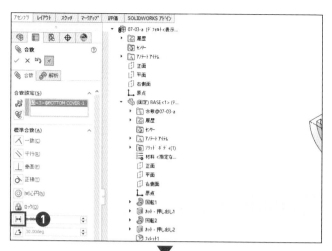

5 距離を入力する

[距離]をクリックします**①**。

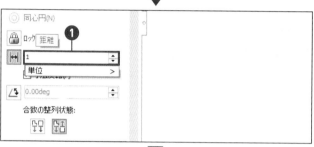

6 値を入力する

「距離」に次の値を入力します**①**。

距離	1

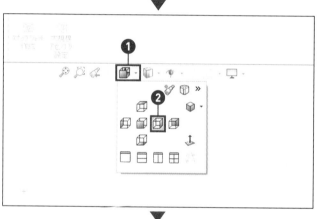

7 表示方向を変更する

[表示方向]をクリックし**①**、[右側面]を
クリックします**②**。

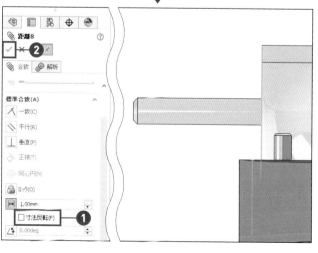

8 プレビューを確認する

[寸法反転]をクリックし**①**、[OK]をク
リックします**②**。

① Check

プレビューを確認し、MOTOR と BOTTOM
COVER が重ならないようにしましょう。

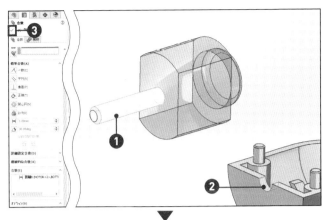

9 要素を選択する

MOTORとMOTOR COVERのそれぞれの
[面]をクリックし❶❷、[OK]をクリック
します❸。

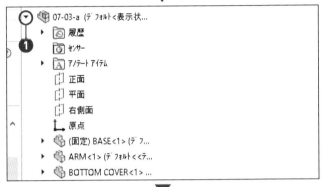

10 ツリーを展開する

「07-03-a」左の▶をクリックします❶。

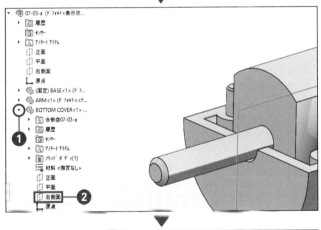

11 BOTTOM COVERの平面を選択する

BOTTOM COVERの▶をクリックし❶、
[右側面]をクリックします❷。

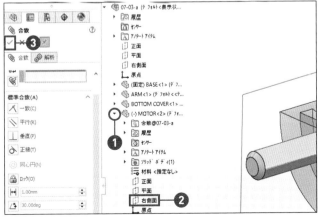

12 MOTORの平面を選択する

MOTORの▶をクリックし❶、[右側面]を
クリックします❷。[OK]を2回クリックし
ます❸。

BOTTOM COVERにTOP COVERを組み付ける

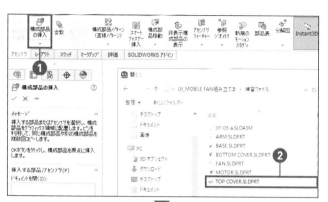

1 TOP COVERを挿入する

[構成部品の挿入]をクリックします❶。
[TOP COVER]をダブルクリックして配置します❷。

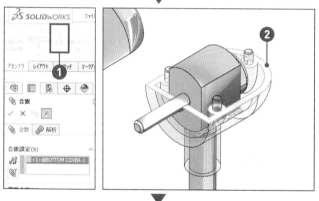

2 要素1を選択する

[合致]をクリックし❶、BOTTOM COVERの[面]をクリックします❷。

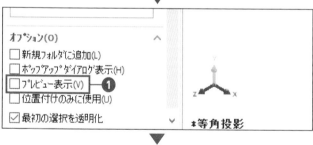

3 プレビューを解除する

[プレビュー表示]をクリックし❶、チェックをはずします。

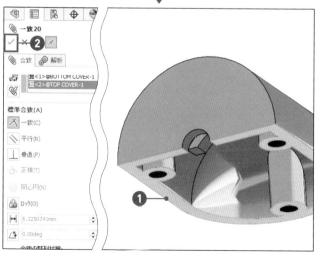

4 要素2を選択する

TOP COVERの[面]をクリックし❶、[OK]をクリックします❷。

MOBILE FAN のアセンブリを作成する
Chapter 7

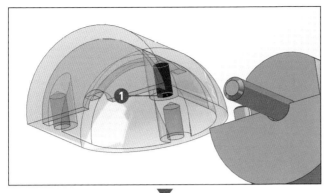

5 要素1を選択する

TOP COVERの穴の［面］をクリックします❶。

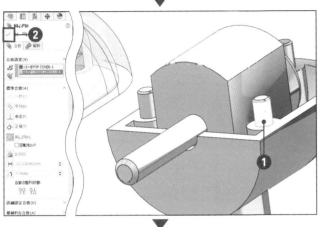

6 要素2を選択する

BOTTOM COVERのボスの［面］をクリックし❶、［OK］をクリックします❷。

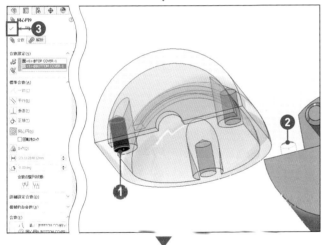

7 要素を選択する

それぞれの［面］をクリックし❶❷、［OK］を2回クリックします❸。

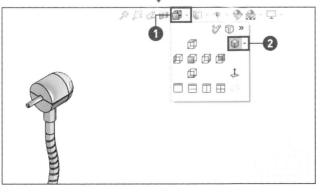

8 表示方向を変更する

［表示方向］をクリックし❶、［等角投影］をクリックします❷。

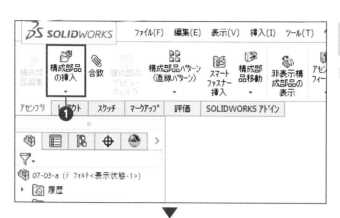

挿入コマンドを実行する

[構成部品の挿入]をクリックします❶。

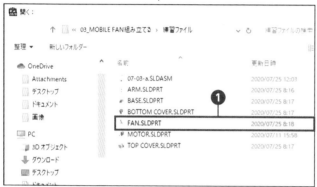

FANを選択する

[FAN]をダブルクリックします❶。

FANを配置する

[グラフィックス領域]の任意の場所をクリックします❶。

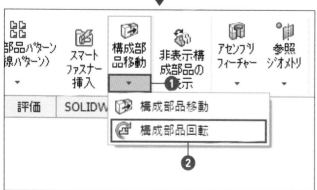

構成部品回転を実行する

構成部品移動の下の▼をクリックし❶、[構成部品回転]をクリックします❷。

Chapter 7

MOBILE FAN のアセンブリを作成する

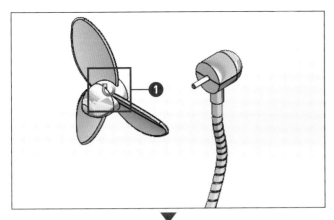

5 カーソルをFANに合わせる

カーソルをFANの上に合わせます❶。

(!) Check

> マウスポインターが回転のアイコンに変わります。

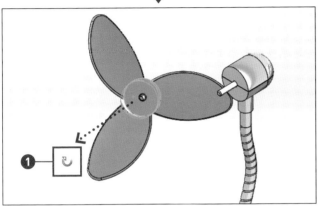

6 FAN を回転する

矢印の方向へドラッグし、FANを[回転]させます❶。

(!) Check

> FAN の穴が見えるところまで回転してください。

7 コマンドを解除する

キーボードの Esc キーを押します。

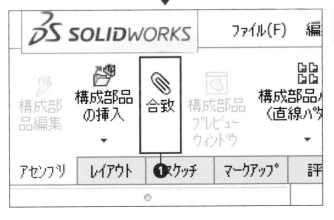

8 合致を実行する

[合致]をクリックします❶。

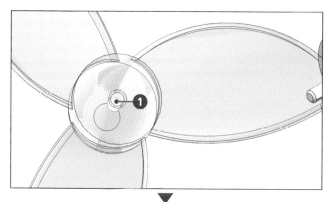

9 要素1を選択する

FANの[面]をクリックします❶。

☞ Point

プレビュー表示は解除した状態のままで行っています。

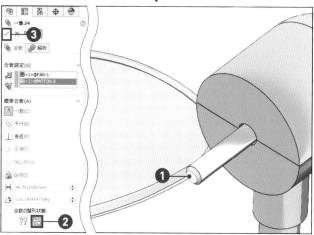

10 要素2を選択する

MOTORの[面]をクリックし❶、[非整列]をクリックします❷。[OK]をクリックします❸。

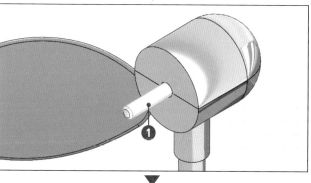

11 要素1を選択する

MOTORの[面]をクリックします❶。

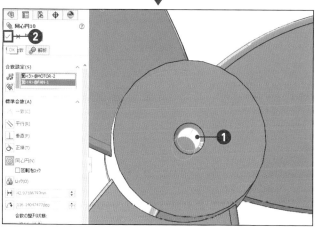

12 要素2を選択する

FANの[面]をクリックし❶、[OK]を2回クリックします❷。

Chapter 7
MOBILE FAN のアセンブリを作成する

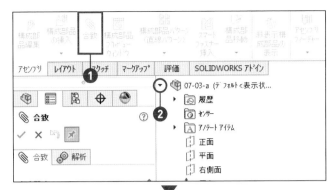

13 ツリーを展開する

[合致]をクリックし❶、「07-03-a」左の
[▶]をクリックします❷。

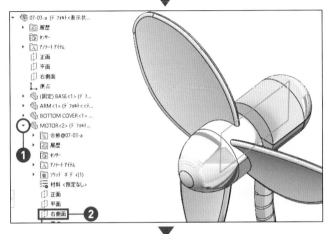

14 MOTORの面を選択する

MOTOR左の[▶]をクリックし❶、[右側
面]をクリックします❷。

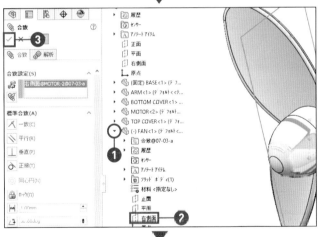

15 FANの面を選択する

FAN左の▶をクリックし❶、[右側面]をク
リックします❷。[OK]を2回クリックしま
す❸。

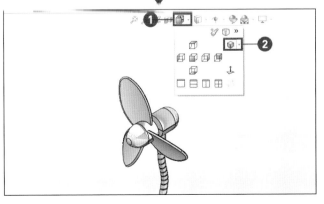

16 表示方向を選択する

[表示方向]をクリックし❶、[等角投影]
をクリックします❷。

04
USB CABLE を接続する

サンプルファイル **練習ファイル** 07-04-a.sldasm **完成ファイル** 07-04-z.sldasm

この節で行うこと

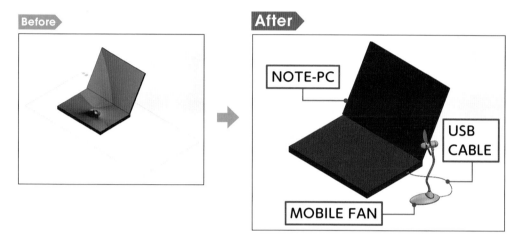

MOBILE FAN と NOTE-PC を USB CABLE で接続します。USB CABLE は BASE の一部のため、BASE に追加するように作成します。これまでは、部品を作成してアセンブリを行いましたが、ここでは NOTE-PC との位置関係が必要となるため、アセンブリ内で編集して追加します。CABLE の作成には、スイープフィーチャを使用します。

アセンブリ内でBASEに USB CABLE を追加作成する

この節では、これまでと違ってアセンブリ内での部品編集による作成手順について学習します。3次元CADを使った理想的な作業ですので、しっかりと覚えましょう。練習ファイル「07-04-a.sldasm」を開きます。すでに「NOTE-PC」が配置されています。続いて、「MOBILE FAN ASSY」を挿入し、配置します。STEP2では、BASEを作成します。「BASE」にフィーチャーを追加していることを頭にいれながら作業しましょう。STEP4では「CABLE部」を作成します。ここでは、3Dスケッチを使用してパスを作成します。6章のARMで作成したパスは、2Dスケッチで作成しました。3Dスケッチの作成は、表示方向を平面的にすることがポイントです。幾何拘束も違ってきますので注意してください。続いて、輪郭を作成します。CABLE部は、スイープ フィーチャーで作成しますので、パスとは別のスケッチで作成することに注意しましょう。BASEの編集を終了して完成です。本書では行いませんが、BASEを開いて、USB CABLEの形状が追加されているか確認しましょう。

MOBILE FANを配置する

1 練習ファイルを開く

[07-04-a.sldasm]をダブルクリックします**❶**。

(!)Check

ファイルを開くと、すでに「NOTE-PC」が配置されています。

2 構成部品の挿入を実行する

[構成部品の挿入]をクリックします**❶**。

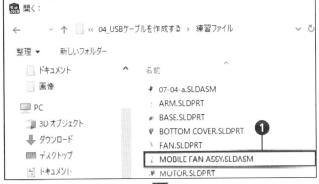

3 MOBILE FANを選択する

[MOBILE FAN]をダブルクリックします**❶**。

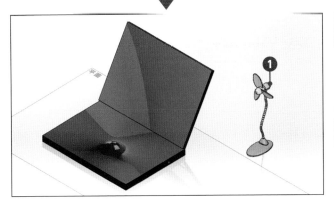

4 MOBILE FANを挿入する

[グラフィックス領域]の任意の場所をクリックします**❶**。

(!)Check

画像の位置付近に配置してください。

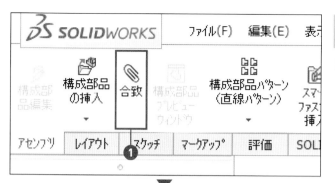

5 合致を実行する

[合致]をクリックします**❶**。

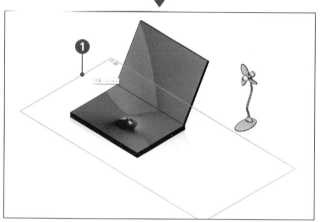

6 要素1を選択する

[平面]をクリックします**❶**。

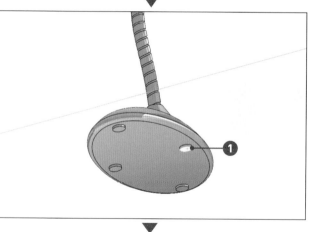

7 要素2を選択する

MOBILE FANの[面]をクリックします
❶。

ⓘ Check

「プレビュー表示」は解除しています。

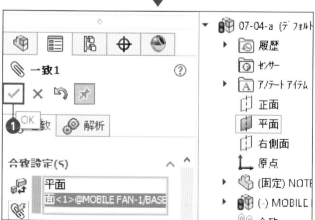

8 確定する

[OK]を2回クリックします**❶**。

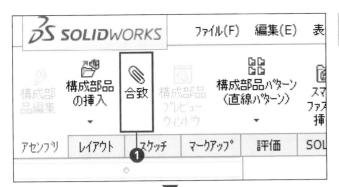

9 合致を実行する

[合致]をクリックします**❶**。

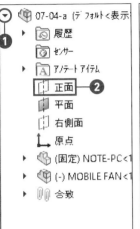

10 要素1を選択する

ツリーの「07-04-a」左の▶をクリックし**❶**、[正面]をクリックします**❷**。

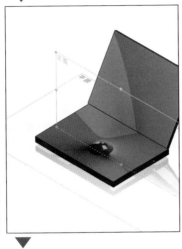

11 プレビュー表示にする

[プレビュー表示]をクリックし**❶**、チェックを付けます。

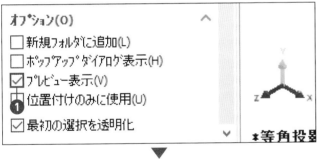

12 要素2を選択する

ツリーの「MOBILE FAN」左の▶をクリックし**❶**、「原点」をクリックします**❷**。「OK」をクリックします**❸**。

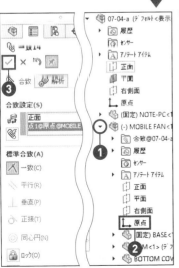

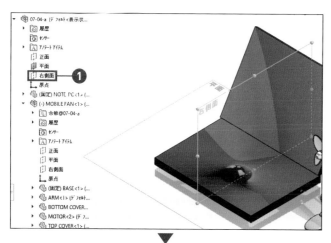

13 要素1を選択する

ツリーの「07-04-a」の[右側面]をクリック
します❶。

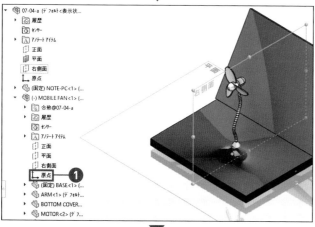

14 要素2を選択する

MOBILE FANの[原点]をクリックします
❶。

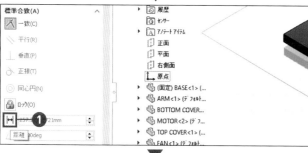

15 距離を実行する

[距離]をクリックします❶。

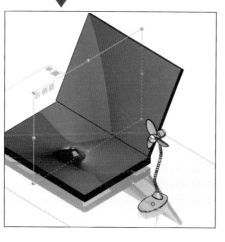

16 値を入力する

「距離」に次の値を入力し❶、[OK]をク
リックします❷。

距離	300

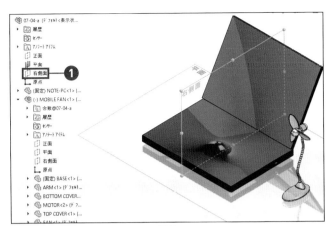

17 要素1を選択する

ツリーの「07-04-a」の「右側面」をクリックします❶。

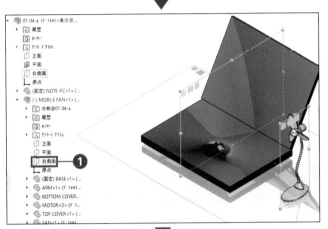

18 要素2を選択する

MOBILE FANの[右側面]をクリックします❶。

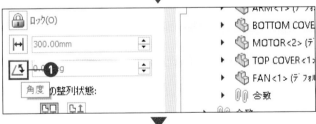

19 角度を実行する

[角度]をクリックします❶。

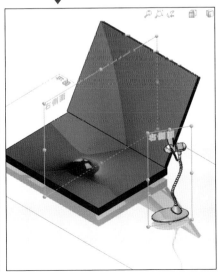

20 値を入力する

「角度」に次の値を入力し❶、「OK」を2回クリックします❷。

角度	30

⊘ Check

向きは、「寸法反転」にチェックを付けて調整します。

1 ツリーを展開する

ツリーの「MOBILE FAN」左の▶をクリックします❶。

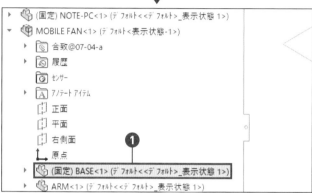

2 BASE を選択する

BASE をクリックします❶。

3 部品編集を実行する

BASE を右クリックし❶、[部品編集]をクリックします❷。

MEMO　編集状態の確認

アセンブリ内で部品編集を行うと、ツリーの部品名が青く表示されます。また、グラフィックス領域内では、編集部品以外は半透明に表示されます。

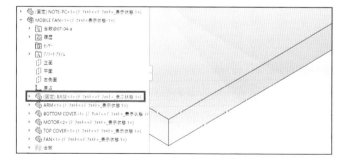

コネクター部を作成する

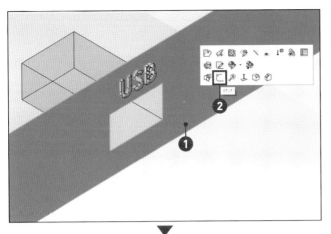

1 スケッチ環境にする

NOTE-PCの[面]をクリックし❶、[スケッチ]をクリックします❷。

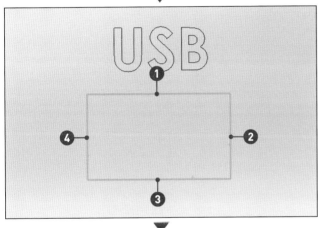

2 エッジを選択する

`Ctrl` キーを押しながら、[エッジ]を4か所クリックします❶❷❸❹。

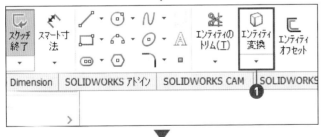

3 エンティティ変換を実行する

[エンティティ変換]をクリックします❶。

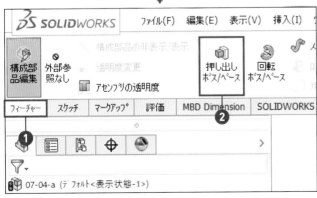

4 押し出しを実行する

[フィーチャー]タブをクリックし❶、[押し出し ボス/ベース]をクリックします❷。

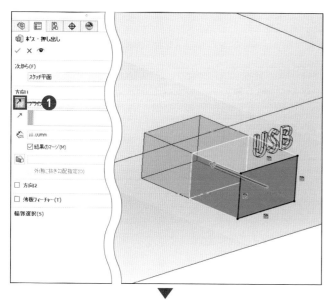

5 方向を変える

［反対方向］をクリックします**❶**。

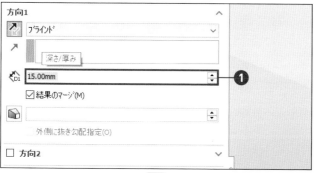

6 深さ / 厚みを入力する

「深さ / 厚み」を次のとおりに入力します
❶。

深さ / 厚み	15

7 確定する

［OK］をクリックします**❶**。

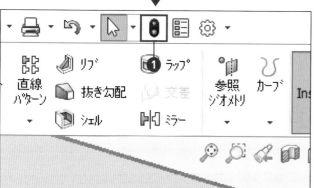

8 再構築する

［再構築］をクリックします**❶**。

MOBILE FAN のアセンブリを作成する

Chapter
7

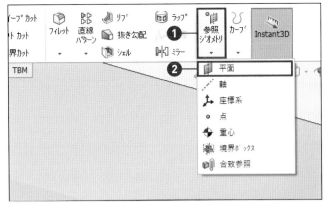

9 参照平面を実行する

[参照ジオメトリ]をクリックし❶、[平面]
をクリックします❷。

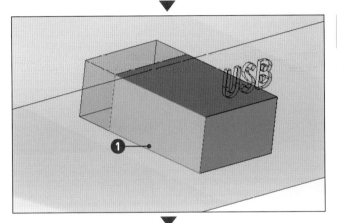

10 要素1を選択する

コネクターの[面]をクリックします❶。

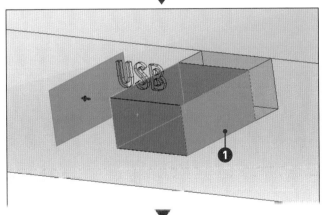

11 要素2を選択する

コネクターの反対側の[面]をクリックしま
す❶。

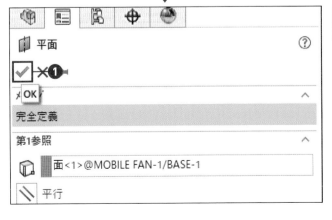

12 確定する

[OK]をクリックします❶。

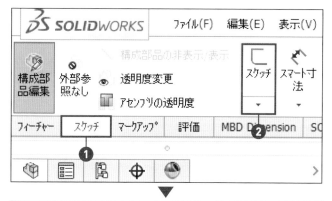

13 スケッチ環境にする

[スケッチ]タブをクリックし❶、[スケッチ]をクリックします❷。

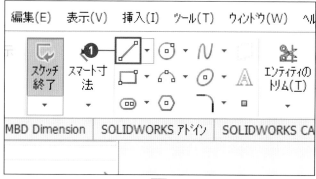

14 直線を実行する

[直線]をクリックします❶。

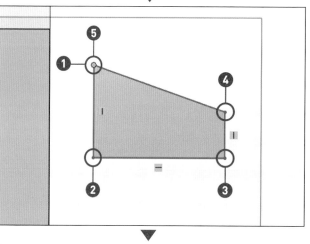

15 図形を作成する

[1点目]、[2点目]、[3点目]、[4点目]、[5点目]をそれぞれクリックします❶❷❸❹❺。

⚠️Check

❶❷、❸❹は鉛直、❷❸は水平にし、作成後は、Esc キーを押してください。

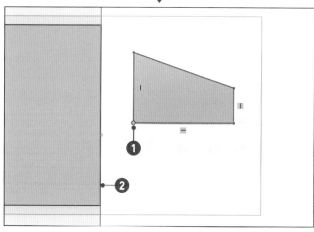

16 要素を選択する

Ctrl キーを押しながら、[端点]をクリックし❶、エッジをクリックします❷。

Chapter 7

MOBILE FAN のアセンブリを作成する

17 拘束を追加する

[中点] クリックします❶。

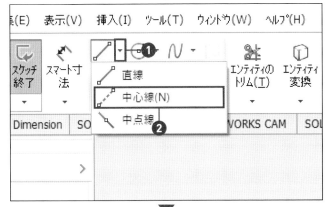

18 中心線を実行する

直線右の▼をクリックし❶、[中心線] をク
リックします❷。

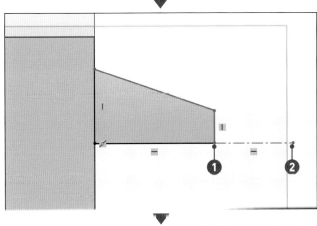

19 中心線を作成する

[1点目] をクリックし❶、[2点目] 付近を
クリックします❷。

⚠ Check

中心線を作成したら、Esc キーでコマンドを
終了します。

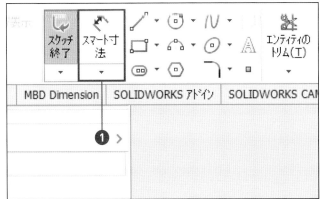

20 スマート寸法を実行する

[スマート寸法] をクリックします❶。

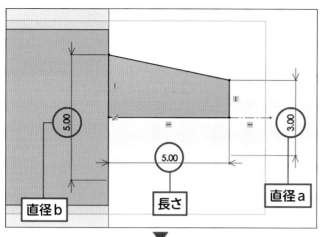

21 各寸法を追加する

線の「長さ」と「直径」を次のとおりにします。

長さ	5
直径 a	3
直径 b	5

22 回転を実行する

[フィーチャー] タブをクリックし❶、[回転 ボス / ベース] をクリックします❷。

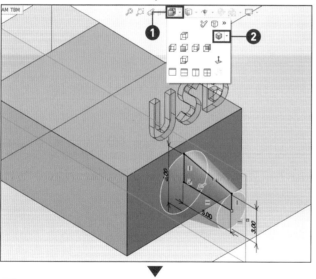

23 形状を確認する

[表示方向] をクリックし❶、[等角投影] をクリックします❷。

24 OKする

[OK] をクリックします❶。

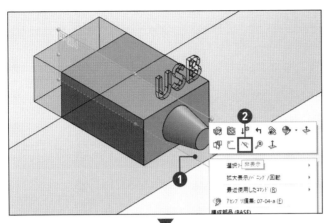

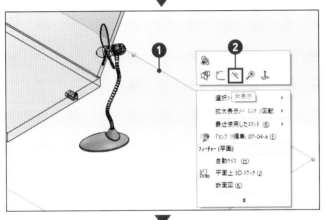

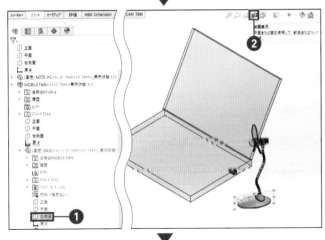

1 参照平面を非表示にする

コネクターの参照平面を右クリックし❶、[非表示]をクリックします❷。

2 平面を非表示にする

もう一つの参照平面を右クリックし❶、[非表示]をクリックします❷。

3 断面表示を実行する

BASEの[右側面]をクリックし❶、[断面表示]をクリックします❷。

4 断面表示にする

[OK]をクリックします❶。

ケーブルのパスを作成する

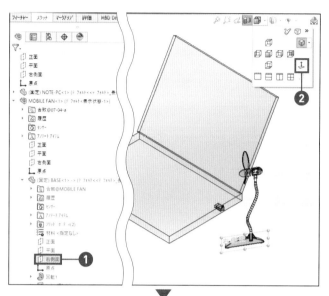

1 表示方向を変える

BASEの[右側面]をクリックし❶、[選択
アイテムに垂直]をクリックします❷。

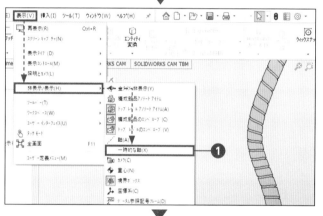

2 一時的な軸を表示する

[表示]→[非表示/表示]→[一時的な軸]
をクリックします❶。

3 3Dスケッチを実行する

[スケッチ]タブをクリックし❶、[3Dス
ケッチ]をクリックします❷。

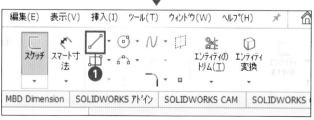

4 直線を実行する

[直線]をクリックします❶。

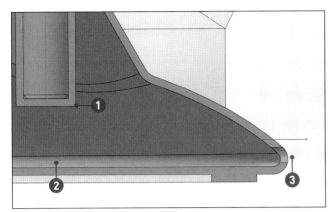

5 直線を作成する

[1点目] 付近をクリックし❶、[2点目] [3点目] 付近をそれぞれクリックします❷ ❸。

⚠ Check

> 3点目は BASE から少し出してください。

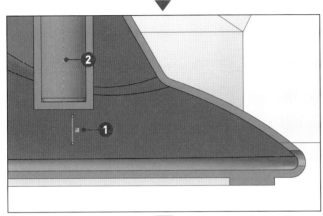

6 要素を選択する

[Ctrl] キーを押しながら、[直線] をクリックし❶、[一時的な軸] をクリックします❷。

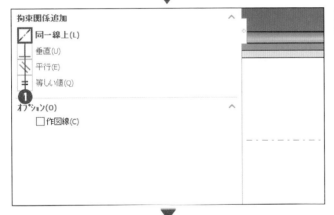

7 幾何拘束を追加する

[同一線上] をクリックします❶。

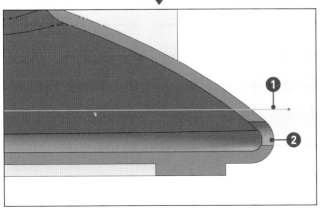

8 要素を選択する

[Ctrl] キーを押しながら、[直線] をクリックし❶、[一時的な軸] をクリックします❷。

9 幾何拘束を追加する

［同一線上］をクリックします❶。

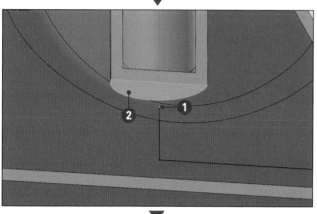

10 要素を選択する

Ctrl キーを押しながら、直線の［1点目］を
クリックし❶、［面］をクリックします❷。

! Check

面がハイライトしない場合があります。

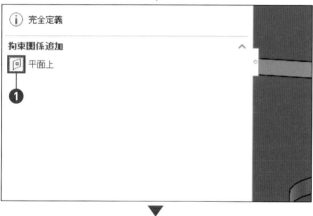

11 幾何拘束を追加する

［平面上］をクリックします❶。

12 ダイアログを閉じる

［ダイアログを閉じる］をクリックします
❶。

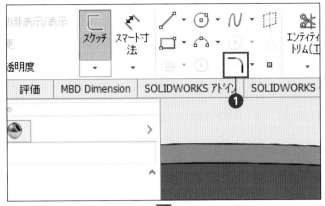

13 スケッチ フィレットを実行する

[スケッチ フィレット]をクリックします
❶。

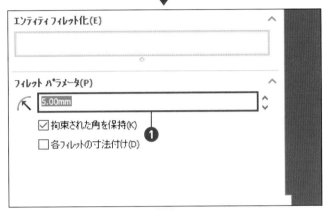

14 半径を入力する

フィレットの「半径」を次のとおりに入力します❶。

半径	5

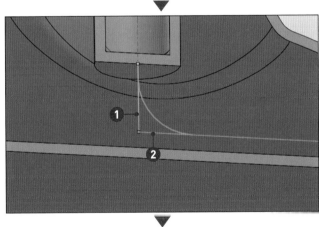

15 要素を選択する

[直線]をクリックし❶、[直線]をクリックします❷。

ⓘ Check

「フィレットが指定された～」というメッセージが表示された場合は、[はい]をクリックしてください。

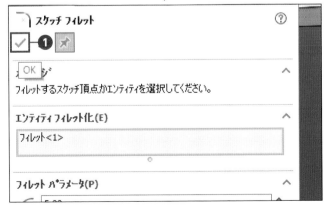

16 スケッチ フィレットを終了する

[OK]をクリックします❶。

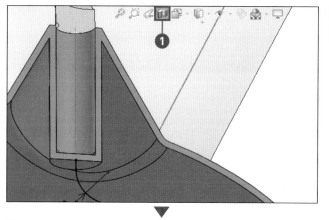

17 断面表示を終了する

[断面表示]をクリックします❶。

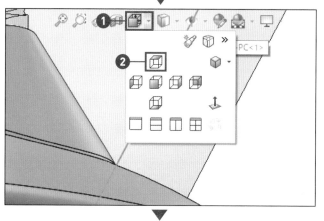

18 表示方向を変更する

「表示方向」をクリックし❶、[平面]をクリックします❷。

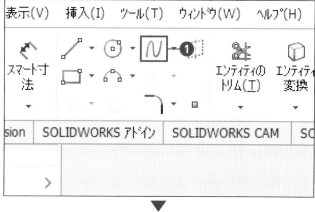

19 スプラインを実行する

[スプライン]をクリックします❶。

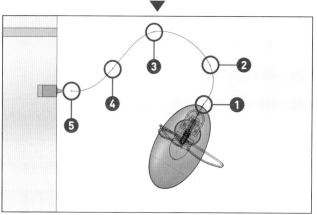

20 スプラインを作成する

[1点目]をクリックし❶、[2点目] [3点目] [4点目] [5点目]付近をそれぞれクリックします❷❸❹❺。 Esc キーを押します。

☞Point

3Dスケッチの作成時は、表示方向を平面的にしましょう。

Chapter 7

MOBILE FAN のアセンブリを作成する

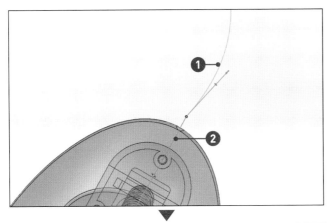

21 要素を選択する

[Ctrl]キーを押しながら、[スプライン]をク
リックし❶、[直線]をクリックします❶。

22 幾何拘束を追加する

[正接]をクリックします❶。

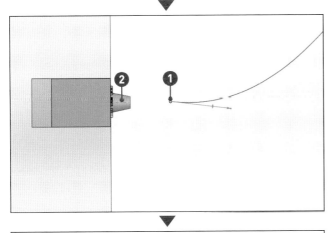

23 要素を選択する

[Ctrl]キーを押しながら、スプラインの[端
点]をクリックし❶、[一時的な軸]をク
リックします❷。

24 幾何拘束を追加する

[一致]をクリックします❶。

Chapter 7

MOBILE FAN のアセンブリを作成する

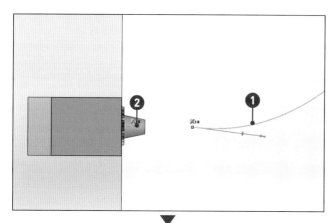

25 要素を選択する

Ctrl キーを押しながら、[スプライン]をク
リックし❶、[一時的な軸]をクリックしま
す❷。

26 幾何拘束を追加する

[正接]をクリックします❶。

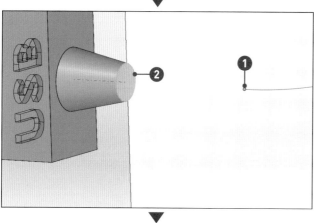

27 要素を選択する

Ctrl キーを押しながら、[端点]をクリック
し❶、[面]をクリックします❷。

28 幾何拘束を追加する

[平面上]をクリックします❶。

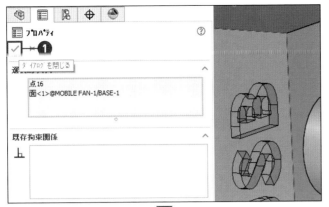

29 ダイアログを閉じる

[ダイアログを閉じる]をクリックします
1。

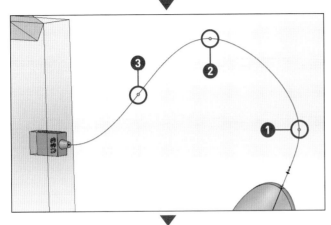

30 要素を選択する

Ctrl キーを押しながら、スプラインの[2点
目][3点目][4点目]をクリックします
1❷❸。

31 幾何拘束を追加する

[固定]をクリックします**1**。

32 再構築する

[再構築]をクリックします**1**。

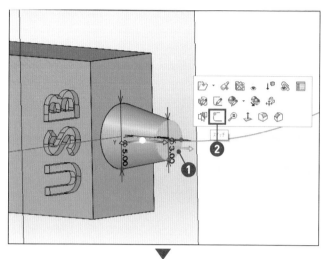

スケッチ環境にする

[面]をクリックし❶、[スケッチ]をクリックします❷。

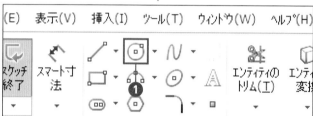

円を実行する

[円]をクリックします❶。

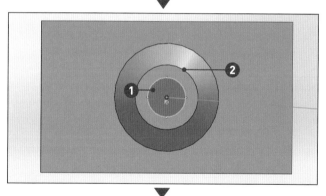

円を作成する

[1点目]をクリックし❶、[2点目]付近をクリックします❷。

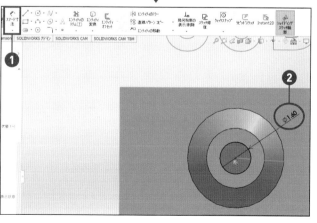

直径を追加する

[スマート寸法]をクリックし❶、円の「直径」に次のとおりに追加します❷。

直径	1.6

Chapter 7

MOBILE FAN のアセンブリを作成する

STEP 7 〉 **ケーブルを完成する**

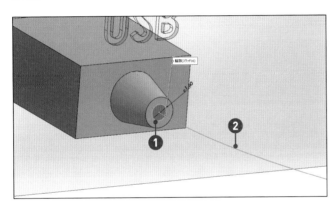

1 スイープを実行する

[フィーチャー]タブをクリックし❶、[スイープ]をクリックします❷。

2 要素を選択する

[円]をクリックし❶、[パス]をクリックします❷。

3 スイープを終了する

[OK]をクリックします❶。

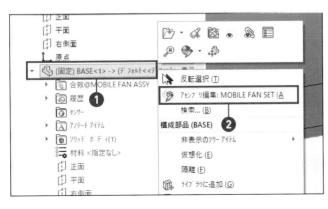

4 部品の編集を終了する

[BASE]で右クリックし❶、[アセンブリ編集]をクリックします❷。上書き保存して完成です。

MOBILE FAN のアセンブリを作成する

Chapter
7

Chapter
7

MOBILE FAN のアセンブリを作成する

SECTION 05 コンフィギュレーションを設定する

サンプルファイル　練習ファイル ▶ 07-05-a.sldasm　完成ファイル ▶ 07-05-z.sldasm

この節で行うこと

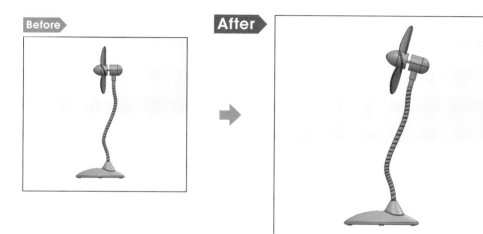

Before

After

MOBILE FANは向きが変えられる製品です。コンフィギュレーションを設定して、FANの角度を変更できるようにします。今回の設定には、スケッチの拘束条件を編集する必要があります。少し複雑ですが、しっかりと覚えましょう。

● コンフィギュレーションについて

この節ではMOBILE FANに、「コンフィギュレーション」を設定します。コンフィギュレーションは、同じアセンブリ内に複数のデザイン（ここではFANの角度を変える）を作成することができる機能です。機械製品やコンシューマー製品の多くは、動作をしたり位置形状などが変化するため、3Dモデル上、初期の組み付け状態だけではなく、製品の動作する状態を作成しておくと便利です。コンフィギュレーションは、変更条件が間違っているとエラーとなりうまく設定できません。アセンブリの合致条件を追加したり、変更したりするだけではなく、スケッチの拘束条件も変更する必要がある場合もあります。ここでははじめに、ARM作成時のスケッチ条件を一部修正し、コンフィギュレーションが設定できるようにします。修正理由は【Point】で確認してください。修正後、ARMにコンフィギュレーションを設定します。続いて、ARMのコンフィギュレーションをMOBILE FANに適用し、MOBILE FANに２つの状態を設定します。基本が理解できれば、他への応用ができるようになります。コンフィギュレーションの設定をすると、関係者間ですばやく情報交換ができたり、図面を作成したりする際にも活用することができます。

1 ARM を開く

[ARM] をダブルクリックします❶。

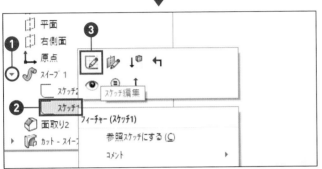

2 スケッチ編集にする

スイープ左の▶をクリックします❶。[スケッチ1] で右クリックし❷、[スケッチ編集] をクリックします❸。

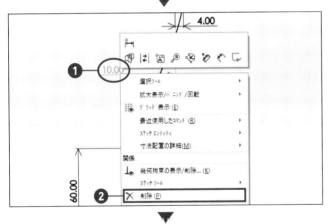

3 寸法を削除する

寸法 [10] で右クリックし❶、[削除] をクリックします❷。

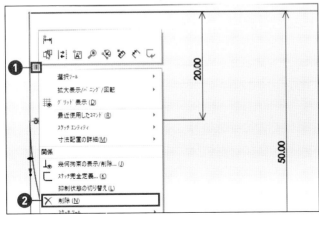

4 鉛直拘束を削除する

[鉛直] マークで右クリックし❶、[削除] をクリックします❷。

☞ Point

線に鉛直な条件があると角度を付けることができないため、削除します。

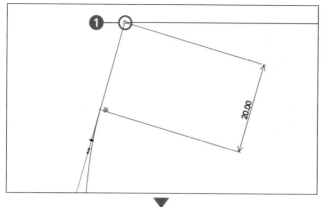

5 線を移動する

[端点]を右へドラッグして移動します❶。

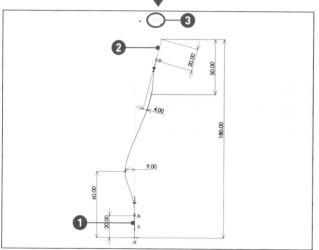

6 角度を追加する

[スマート寸法]をクリックします。下側の
[直線]をクリックし❶、上側の[直線]を
クリックします❷。[角度]を次のとおりに
追加します❸。

角度	15

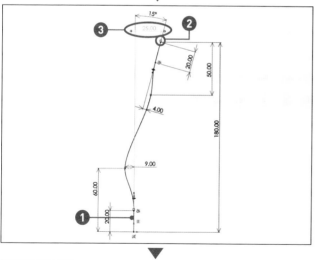

7 距離を追加する

下側の[直線]をクリックし❶、上側の直線
の[端点]をクリックします❷。[距離]を
次のとおりに追加します❸。

距離	25

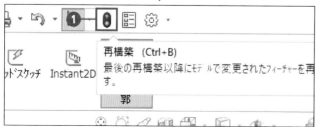

8 再構築する

[再構築]をクリックします❶。

タブを切り替える

[ConfigurationManager] タブをクリックします❶。

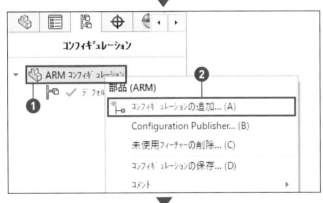

1つ目のコンフィギュレーションを追加する

[ARM コンフィギュレーション]で右クリックし❶、[コンフィギュレーションの追加]をクリックします❷。

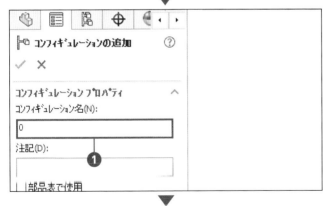

名前を入力する

[コンフィギュレーション名]に次のとおりに入力します❶。

コンフィギュレーション名	0

確定する

[OK] をクリックします❶。

Chapter 7 MOBILE FAN のアセンブリを作成する

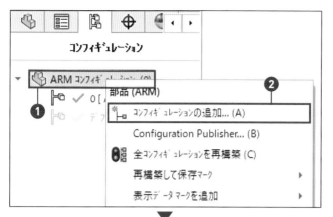

5 2つ目のコンフィギュレーションを追加する

[ARM コンフィギュレーション]で右クリックし❶、[コンフィギュレーションの追加]をクリックします❷。

6 名前を入力する

[コンフィギュレーション名]に次のとおりに入力します❶。

コンフィギュレーション名	15

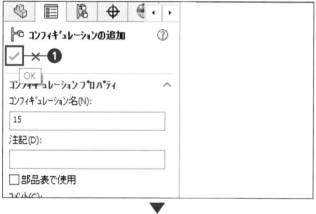

7 確定する

[OK]をクリックします❶。

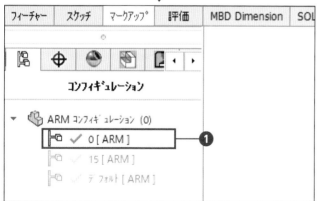

8 コンフィギュレーションをアクティブにする

[0ARM]をダブルクリックして❶、アクティブにします。

7 MOBILE FAN のアセンブリを作成する

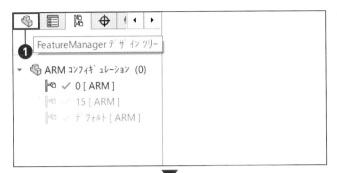

1 タブを切り替える

[Feature Manager デザインツリー]タブ
をクリックします❶。

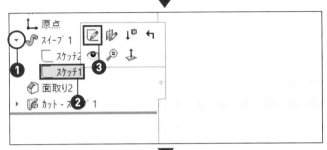

2 スケッチ編集を実行する

スイープの▶をクリックします❶。[スケッ
チ1]をクリックし❷、[スケッチ編集]を
クリックします❸。

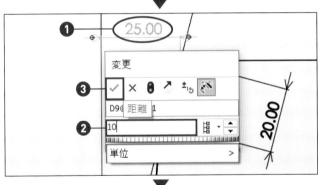

3 値を変更する

寸法「25」をダブルクリックし❶、「距離」に
次のとおりに入力し❷、[OK]をクリック
します❸。

距離	10

4 コンフィギュレーション を選択する

[コンフィギュレーション]をクリックしま
す❶。[当コンフィギュレーション]をク
リックし❷、[OK]をクリックします❸。

⊙ Check

主要値の「コンフィギュレーション」です。

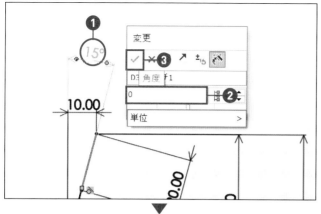

5 値を変更する

角度「15」をダブルクリックし❶、「角度」に
次のとおりに入力し❷、[OK]をクリック
します❸。

角度	0

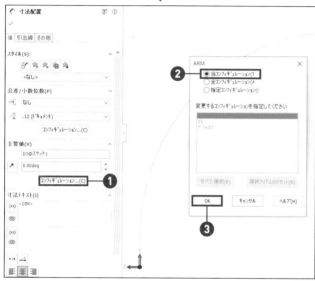

6 コンフィギュレーション の設定をする

[コンフィギュレーション]をクリックしま
す❶。[当コンフィギュレーション]をク
リックし❷、[OK]をクリックします❸。

7 ダイアログを閉じる

[ダイアログを閉じる]をクリックします
❶。

8 再構築する

[再構築]をクリックします❶。

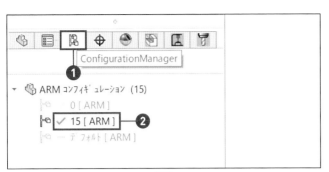

コンフィギュレーション をアクティブにする

[ConfigurationManager] タブをクリックし❶、[15 ARM] をダブルクリックします❷。

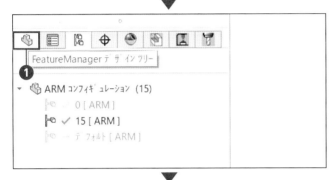

タブを切り替える

[Feature Manager デザインツリー] タブをクリックします❶。

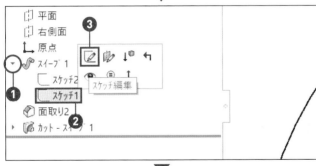

スケッチ編集を実行する

スイープの▶をクリックします❶。[スケッチ1] をクリックし❷、[スケッチ編集] をクリックします❸。

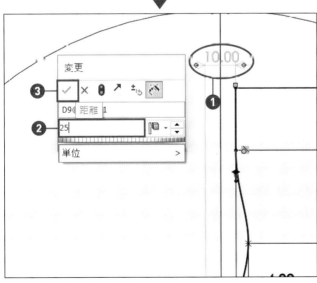

値を変更する

寸法「10」をダブルクリックし❶、「距離」に次のとおりに入力し❷、[OK] をクリックします❸。

距離	25

Chapter 7

MOBILE FAN のアセンブリを作成する

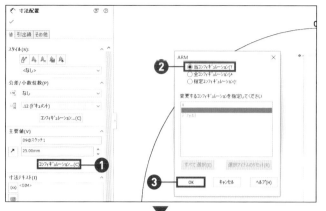

5 コンフィギュレーション を選択する

[コンフィギュレーション]をクリックしま
す❶。[当コンフィギュレーション]をク
リックし❷、[OK]をクリックします❸。

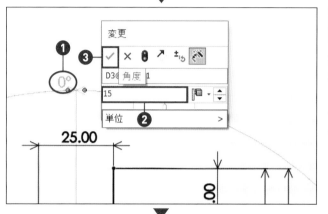

6 値を変更する

角度「0」をダブルクリックし❶、「角度」に
次のとおりに入力し❷、[OK]をクリック
します❸。

角度	15

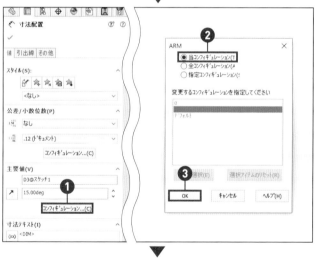

7 コンフィギュレーション を選択する

[コンフィギュレーション]をクリックしま
す❶。[当コンフィギュレーション]をク
リックし❷、[OK]をクリックします❸。

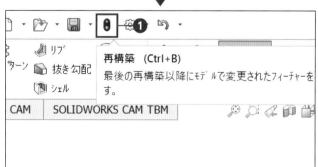

8 再構築する

[再構築]をクリックします❶。

STEP 5 設定を確認する

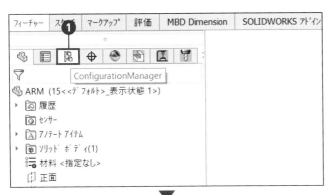

1 タブを切り替える

[ConfigurationManager] タブをクリックします❶。

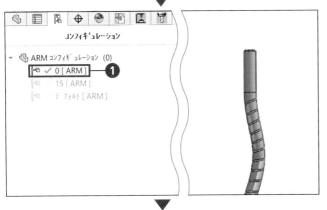

2 コンフィギュレーション "0"をアクティブにする

[0 ARM]をダブルクリックします❶。

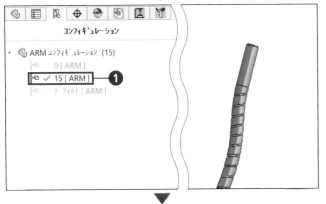

3 コンフィギュレーション "15"をアクティブにする

[15 ARM]をダブルクリックします❶。

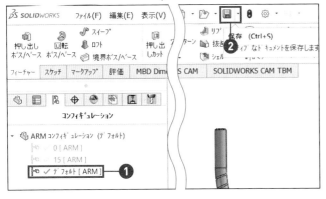

4 上書き保存する

デフォルト「ARM」をダブルクリックし❶、[保存]をクリックします❷。

⚠ Check

通常の編集作業に影響が無いよう、保存する際は、デフォルトにしておきましょう。

1 タブを切り替える

07-05-aを開き、[ConfigurationManager]
タブをクリックします**①**。

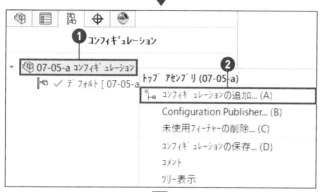

2 コンフィギュレーションを追加する

[07-05-a コンフィギュレーション]で右ク
リックし**①**、[コンフィギュレーションの
追加]をクリックします**②**。

3 名前を入力する

[コンフィギュレーション名]に次のとおり
に入力し**①**、[OK]をクリックします**②**。

コンフィギュレーション名	正面

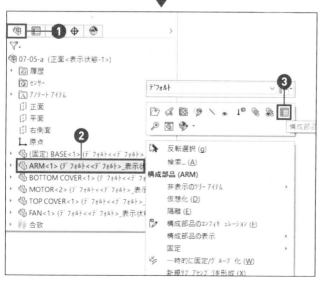

4 構成部品プロパティを開く

[Feature Manager デザインツリー]タブ
をクリックします**①**。[ARM]で右クリック
し**②**、[構成部品プロパティ]をクリックし
ます**③**。

Chapter
7

MOBILE FAN のアセンブリを作成する

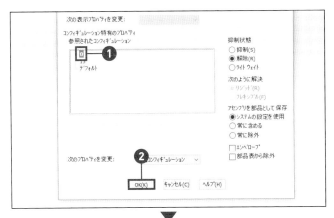

5 コンフィギュレーション を選択する

参照されたコンフィギュレーションから
[0]をクリックし❶、[OK]をクリックしま
す❷。

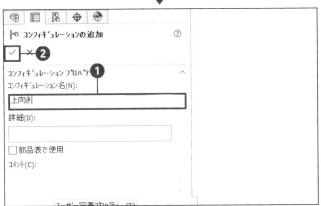

6 名前を入力する

手順❷の操作を行い、[コンフィギュレー
ション名]に次のとおりに入力し❶、[OK]
をクリックします❷。

コンフィギュレーショ ン名	上向き

7 構成部品プロパティを 開く

[Feature Manager デザインツリー]タブ
をクリックします❶。[ARM]で右クリック
し❷、[構成部品プロパティ]をクリックし
ます❸。

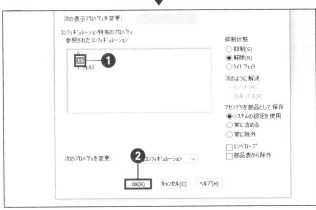

8 コンフィギュレーション を選択する

参照されたコンフィギュレーションから
[15]をクリックし❶、[OK]をクリックし
ます❷。

1 タブを切り替える

[ConfigurationManager] タブをクリックします❶。

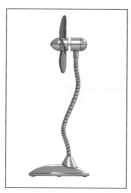

2 コンフィギュレーション "正面"をアクティブにする

[正面 07-05-a] をダブルクリックします❶。

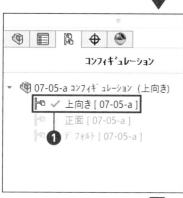
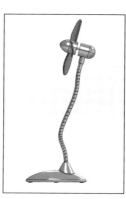

3 コンフィギュレーション "上向き"をアクティブにする

[上向き 07-05-a] をダブルクリックします❶。

4 上書き保存する

デフォルト「07-05-a」をダブルクリックし❶、[保存]をクリックします❷。

MOBILE FANの図面を
作成する

SECTION

01

図面化の基礎知識

SOLIDWORKSで作成した部品やアセンブリから、2次元図面を作成することができます。ここでは、2次元の図面化について基礎知識を学びます。ビューの作成や主なアノテートアイテム（寸法や図示記号）の種類などをまとめました。

▶ 図面化について

3次元CADが普及している現在でも2次元図面は必須です。2次元図面は投影法によって描かれているため、立体形状を頭の中で想像する必要がありました。3次元CADによって、その形状は誰もが同じ形状であることが確認できるようになりました。しかし、実際に加工機を使ってモノを作る場合は、まだまだ立体データでは行えず、現状では2次元図面が必要です。多くの企業では、構想段階や検証などでは3次元データを活用しています。そして、構想や検証用に作成した3次元データを変換して、2次元CADで図面を作成し、製造を行っています。つまり、せっかく3次元CADで図面が作成できるのに、使用していないのが実際のところなのです。

なぜそうなのかはさまざまな理由がありますが、やはり一番は使い慣れた環境と自由さでしょう。3次元CADではテンプレートが必要であり、細かな設定をしなければなりません。また、立体モデルから図面を作成するため、不要な線を削除したり、必要な線を描き足したりするのが非常に面倒なのです。しかし、メリットもあります。2次元CADでは多くの人が経験している形状変更による三面図の修正ミスがありますが、3次元CADは立体データから作成するため、三面図は自動的に変更されます。寸法値なども変更されるので、慣れてしまえばかなり効率的に図面が作成できます。この章では、SOLIDWORKSで作成した部品を図面化する方法を紹介します。

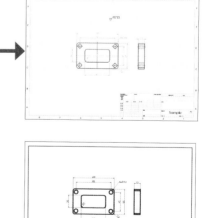

ダイレクトに図面化

変換して2次元CADで図面化

● 図面環境へ入る

ここでは、図面作成環境への第一歩について操作の説明を行います。SOLIDWORKSの図面作成で
は、まずビューを作成します。図面でいう正面図、右側面図などに該当します。

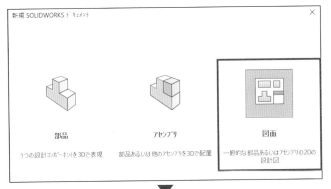

❶ [新規] → [図面] をダブルクリックしま
す。

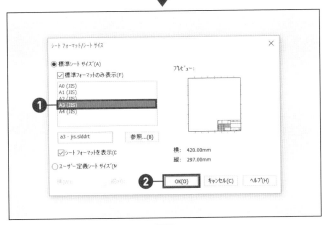

❷ 用紙サイズ「A3」を選択して❶、[OK] を
クリックします❷。

❸ [参照] をクリックし❶、図面化するファ
イルを選択して、ダブルクリックします
❷。

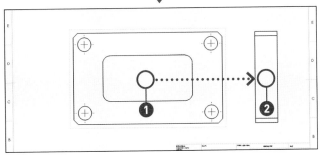

❹ 図面内でクリックし❶、マウスポイン
ターを右へ移動してクリックします❷。
解除するには Esc キーを押します。

▶ ビューについて

SOLIDWORKSで図面を作成するには、まずビューを作成すると説明しました。通常図面はJIS規格によって投影法で決められた呼び方がありますが、3次元CADではそれらをビューと呼びます。SOLIDWORKSも同様で、JIS投影法に照らし合わせて一覧にまとめたのが下表です。

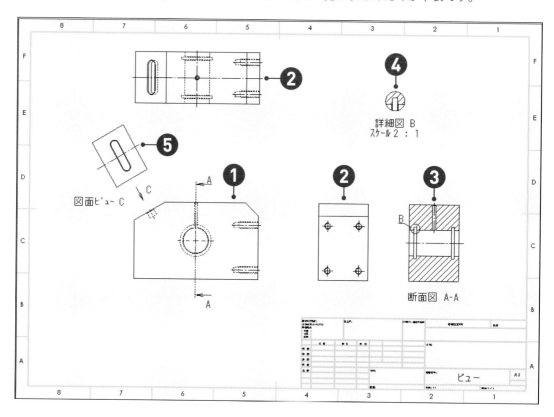

	JIS 投影法	SOLIDWORKS
❶	正面図	親ビュー
❷	右側面図、平面図	投影図ビュー
❸	断面図	断面図ビュー
❹	詳細図	詳細図ビュー
❺	補助投影図	補助投影図ビュー

● アノテートアイテムについて

ビューの作成ができたら、次に「アノテートアイテム」を追加します。アノテートアイテムとは、寸法や中心線、文字、記号といった図面内に記載する事項の総称です。主なものを下表にまとめました。

部品図、組立図共通	使用するコマンド	アイコン
長さ、径寸法	スマート寸法	スマート寸法
穴、ねじ寸法	穴寸法テキスト	穴寸法テキスト
中心線	中心マーク、中心線	中心マーク 中心線
文字	注記	A 注記

部品図用	使用するコマンド	アイコン
表面粗さ記号	表面粗さ記号	表面粗さ記号
溶接記号	溶接記号	溶接記号
幾何公差	幾何公差	幾何公差

組立図用	使用するコマンド	アイコン
バルーン	バルーン	バルーン
自動バルーン	自動バルーン	自動バルーン
部品表	部品表	部品表

SECTION 02 部品図を作成する

| サンプルファイル | 練習ファイル 08-02-a.slddrw | 完成ファイル 08-02-z.slddrw |

この節で行うこと

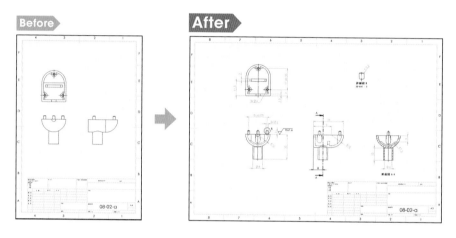

Before

After

ここでは、BOTTOM COVERの部品図を作成します。モデルを挿入し、ビューの作成、アノテートアイテムを追加して、部品図を仕上げます。

● BOTTOM COVERの部品図を作成する

この節では「BOTTOM COVER」の部品図を作成します。練習ファイルは、「08-03-a.slddrw」です。はじめにパーツモデルの「BOTTOM COVER」を挿入します。「親ビュー」、「投影ビュー」を続けて作成します。JIS投影法では「正面図」、「右側面図」、「平面図」に該当するビューです。続いて「断面図ビュー」を追加します。ビューの作成後、用紙サイズ、尺度を変更します。ビューを編集し、隠れ線の表示、正接エッジの削除をします。STEP5では、詳細図ビューを追加します。STEP6では、アノテートアイテムを追加します。中心線を追加し、長さの調整をします。スマート寸法では、長さや直径寸法を追加します。追加した寸法の値の移動や直径と半径の切り替え、内容の追加や削除を行う場合の方法などは、【Memo】で説明しているので参考にしてください。

詳細ビューには、面取り寸法を追加します。面取り寸法は、独特な作成方法ですので覚えましょう。一部の寸法には、公差を追加します。公差種類の選択や値の入力について確認します。最後に表面性状記号（表面粗さ記号）を追加します。記号の選択方法と値の入力方法をマスターしてください。必要な寸法を追加して完成させます。本書の説明は図面作成の第一歩です。他の部品を使って寸法やアノテートアイテムについても練習してみてください。

Chapter 8 MOBILE FAN の図面を作成する

1 モデルビューを実行する

[モデルビュー]をクリックします❶。

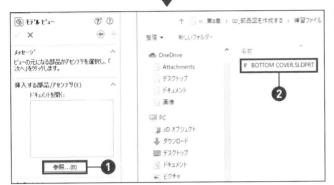

2 部品を選択する

[参照]をクリックし❶、[BOTTOM COVER]
をダブルクリックします❷。

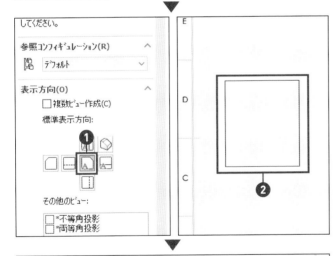

3 親ビューを配置する

[正面]をクリックし❶、[図面内]をクリックします❷。

Chapter
8

MOBILE FAN の図面を作成する

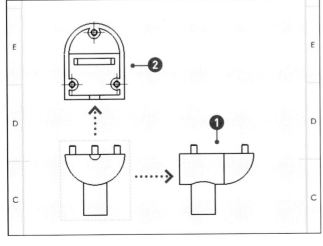

4 投影図ビューを配置する

マウスポインターを右へ移動し、[図面内]
をクリックします❶。続けて上へ移動し[図面内]をクリックします❷。 Esc キーを押します。

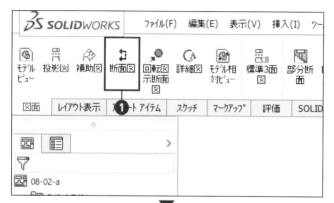

5 断面図を実行する

[断面図]をクリックします❶。

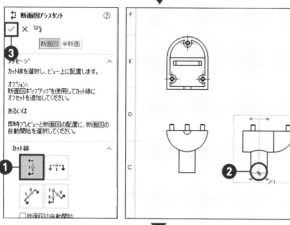

6 位置を指定する

[鉛直]をクリックします❶。右投影図
ビューの[中点]をクリックし❷、[OK]を
クリックします❸。

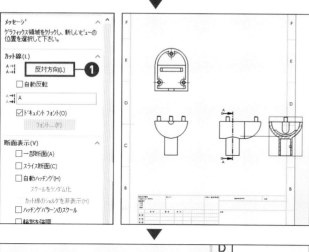

7 作成方法を設定する

[反対方向]をクリックします❶。

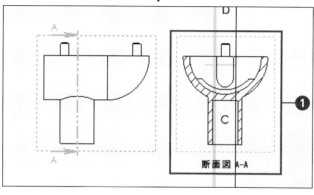

8 配置する

右投影図ビューの右側でクリックします
❶。[OK]をクリックします。

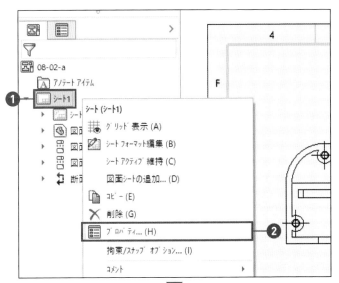

1 シートプロパティを開く

[シート1]で右クリックし❶、[プロパティ]をクリックします❷。

2 表示を変更する

[標準フォーマットのみ表示]にチェックを付けます❶。

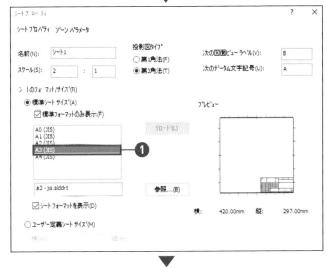

3 用紙サイズを選択する

[A3(JIS)]をクリックします❶。

4 変更を保存する

[変更を適用]をクリックします❶。

Chapter

8

MOBILE FAN の図面を作成する

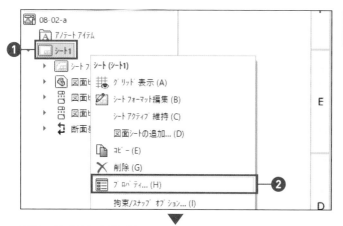

1 シートプロパティを開く

再度［シート1］で右クリックし❶、［プロパティ］をクリックします❷。

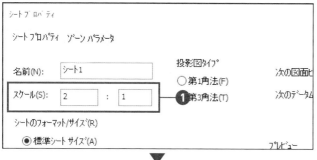

2 尺度を変更する

スケールの値に次のとおりに入力します❶。

スケール	2:1

⚠ Check

尺度は用紙に合わせて自動的に設定されます。手での変更は、プロパティで行いましょう。

3 変更を保存する

［変更を適用］をクリックします❶。

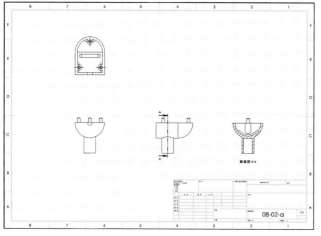

4 ビューを整える

ビューの位置を整えます。

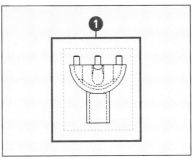

1　隠線を表示する

［親ビュー］をクリックし❶、［隠線表示］を
クリックします❷。

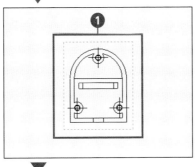

2　隠線を非表示にする

［平面図ビュー］をクリックし❶、［隠線な
し］をクリックします❷。

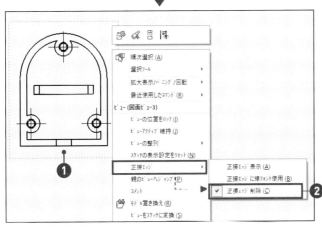

3　正接エッジを削除する

［平面図ビュー］で右クリックし❶、［正接
エッジ］→［正接エッジ 削除］をクリックし
ます❷。

ⓘ Check

この操作は、各ビューで行いましょう。

📖 MEMO　正接エッジとは

正接エッジとは、R部と平らな部分との境目です。通
常図面では表示しません。

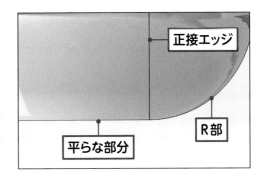

正接エッジ

R部

平らな部分

Chapter 8 MOBILE FAN の図面を作成する

1 詳細図を実行する

[詳細図]をクリックします❶。

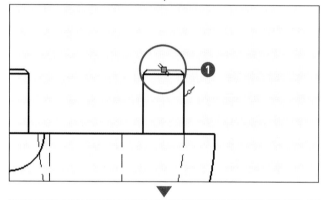

2 中心を選択する

[エッジの中点]をクリックします❶。

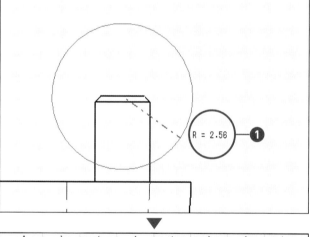

3 範囲を確定する

[2点目]付近をクリックします❶。

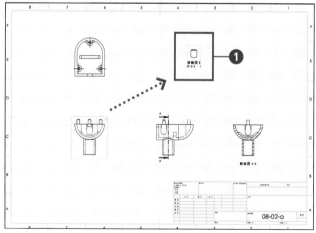

4 ビューを配置する

図面内の[右上]付近でクリックします❶。

Chapter
8

MOBILE FAN の図面を作成する

1 タブを切り替える

[アノテートアイテム] タブをクリックし
❶、[中心線] をクリックします❷。

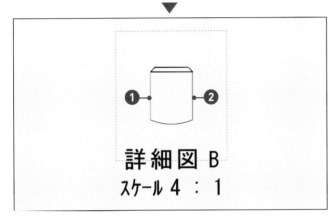

2 親ビューに追加する

[エッジ] をそれぞれクリックします❶ ❷。

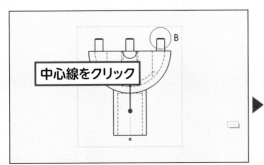

詳細図 B
スケール 4 : 1

3 詳細図ビューに追加する

[エッジ] をそれぞれクリックします❶ ❷。

⚠Check

P.302 の完成図を参考に、他の部分にも追加しましょう。

📋 MEMO 中心線の調整

中心線が短かったり長かったりする場合は、中心線をクリックし端点をドラッグして調整しましょう。

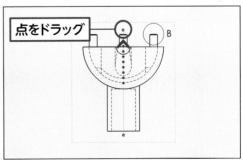

中心線をクリック

点をドラッグ

Chapter 8
MOBILE FAN の図面を作成する

4 長さ寸法を追加する

［スマート寸法］をクリックします❶。

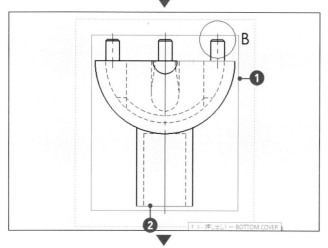

5 要素を選択する

［線］をクリックし❶、［線］をクリックします❷。

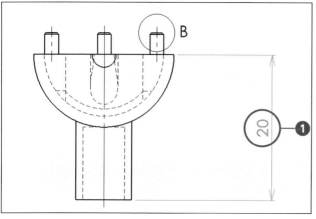

6 配置する

［図面内］をクリックして配置します❶。

⊕Check

P.302 の完成図を参考に、他の長さ寸法も追加しましょう。

📖 MEMO 寸法値を移動させる方法

練習用の図面テンプレートは、寸法を作成すると値が中心になるように設定してあります。値が中心線や他の寸法線と重なるような場合は、寸法値で右クリックし、［表示オプション］→［寸法中央揃え］をクリックし、チェックをはずすと値を移動することができます。

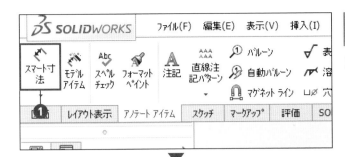

7 半径寸法を追加する

[スマート寸法]をクリックします❶。

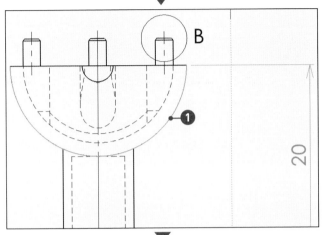

8 要素を選択する

[円弧]をクリックします❶。

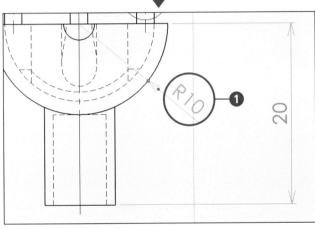

9 配置する

[図面内]をクリックして配置します❶。

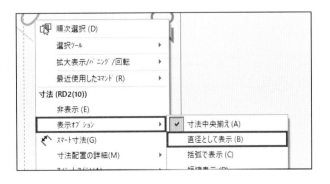

📖 MEMO　直径と半径の切り替え

円弧でも直径で表示したい場合や円でも半径で表示したい場合は、値を右クリックし、[表示オプション]→[直径（半径）として表示]をクリックします。

10 半径を追加する

[スマート寸法]をクリックします❶。[円弧]をクリックし❷、[図面内]でクリックして配置します❸。

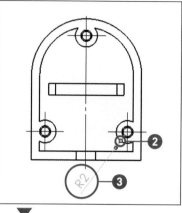

11 引出線に変更する

[引出線]タブをクリックし❶、[ユーザー定義テキスト位置]→[破線引出線、水平テキスト]をクリックします❷。

12 値を追加する

[値]タブをクリックし❶、「寸法テキスト」の値を次のとおりに入力します❷。

寸法テキスト	3xR<DIM>

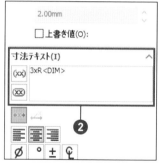

ⓘ Check

値の入力後、P.311 の Memo を参考に、直径に変更しましょう。

📖 MEMO　記号や注記を追加するには

寸法に記号などを追加したり削除したりする場合は、「寸法テキスト」内で行います。寸法を選択すると、内容が表示されます。<> でくくられたものは、モデルから読み取られた値なので扱いには注意しましょう。

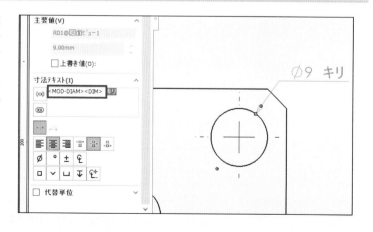

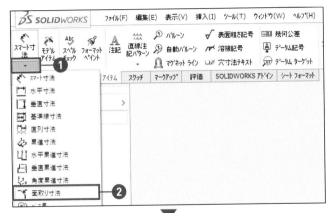

13 面取り寸法を追加する

スマート寸法の [▼] をクリックし❶、[面取り寸法] をクリックします❷。

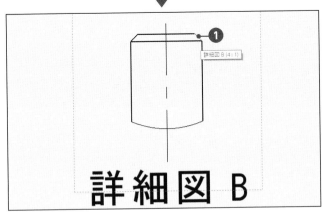

14 エッジを選択する

[面取りエッジ] をクリックします❶。

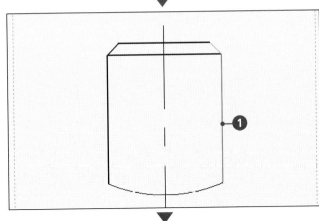

15 要素を選択する

[線] をクリックします❶。

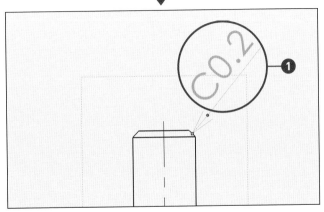

16 配置選択する

[図面内] をクリックします❶。

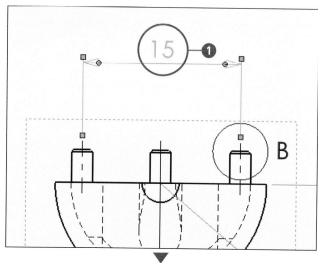

17 公差を追加する

[寸法]をクリックします❶。

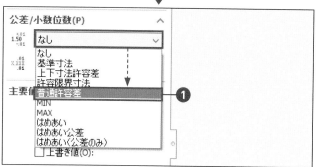

18 公差/小数位数を変更する

[普通許容差]をクリックします❶。

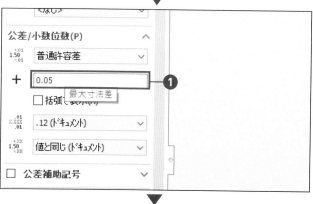

19 値を入力する

最大寸法差の「値」に次のとおりに入力します❶。

最大寸法差	0.05

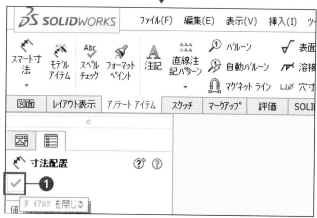

20 ダイアログを閉じる

[ダイアログを閉じる]をクリックします❶。

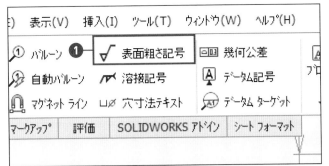

21 表面粗さを追加する

[表面粗さ記号]をクリックします**①**。

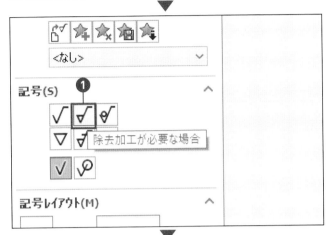

22 記号を選択する

[除去加工が必要な場合]をクリックします
①。

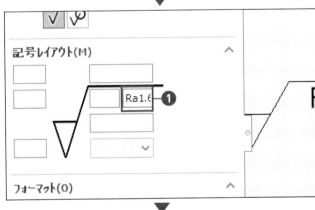

23 値を入力する

「その他の粗さ値」に、次のとおりに入力し
ます**①**。

その他の粗さ値	Ra1.6

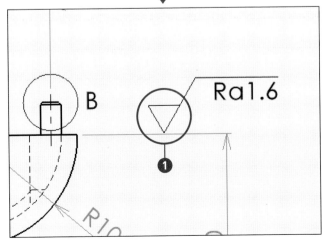

24 位置を選択する

寸法補助線上で2回クリックします**①**。
[Esc]キーを押します。

03 組立図を作成する

サンプルファイル　練習ファイル 08-03-a.slddrw　完成ファイル 08-03-z.slddrw

この節で行うこと

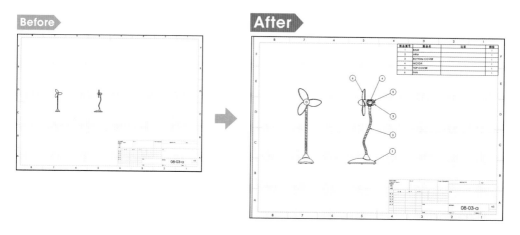

Before

After

ここでは、MOBILE FAN の組立図を作成します。基本的なビューの作成や用紙サイズ、尺度の変更は前節の「部品図を作成する」で行ったので、ここでは組立図特有の内容を学習します。

● MOBILE FANの組立図を作成する

練習ファイルは「08-03-a.slddrw」です。はじめに「MOBILE FAN ASSY」を挿入し、親ビューと投影図ビューを配置します。尺度が用紙に合わせて自動的に設定されることに注目してください。ここでは、尺度を手動で変更します。組立図の場合、内部にある部品（ここではMOTOR）は、すべて隠れ線表示になるため見づらくなります。隠れ線を非表示にして内部の部品を表示するため、STEP3で部分断面を作成します。STEP4では、バルーンを追加します。バルーンには、選択したビュー内の構成部品すべてに追加する「自動バルーン」と個別に追加する「バルーン」があります。ここでは、各部品ごとにバルーンを追加します。位置の合わせ方も行います。また、P.324の【Memo】も参照してください。

続いて部品表を挿入します。挿入の仕方と配置の仕方を覚えましょう。部品表には部品モデルに割り当てられた情報が表示されています。最後に、アセンブリモデルで追加したコンフィギュレーションの「上向き」を追加します。機械製品やコンシューマー製品の組立図では、初期状態に重ねて作動状態を表現することが多々あります。第7章で行った、コンフィギュレーションを設定することで組立図に表示することができるようになります。

STEP 1 > ビューを作成する

1 モデルビューを実行する

「08-03-a」を開き、[モデルビュー]をクリックします❶。

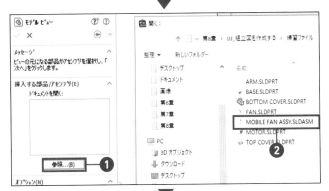

2 アセンブリを選択する

[参照]をクリックし❶、[MOBILE FAN ASSY]をダブルクリックします❷。

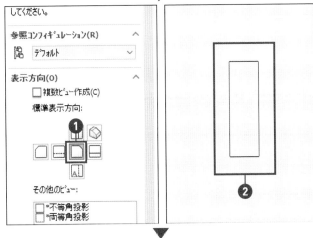

3 親ビューを配置する

[正面]をクリックし❶、[図面内]をクリックします❷。

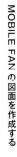

Chapter

8

MOBILE FAN の図面を作成する

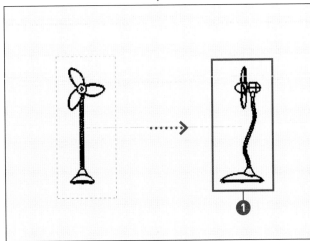

4 投影図ビューを配置する

マウスポインターを右へ移動し、[図面内]をクリックします❶。[Esc]キーを押します。

組立図を作成する   317

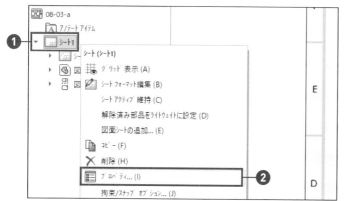

1 プロパティを開く

[シート1] で右クリックし**①**、[プロパ
ティ] をクリックします**②**。

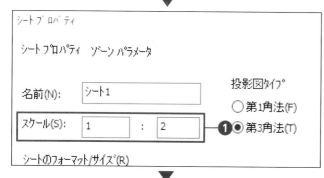

2 スケールの値を変更する

「スケール」を次のとおりに入力します**①**。

スケール	1：2

3 適用する

[変更を適用] をクリックします**①**。

📖 MEMO 尺度の変更

尺度の変更は、プロパティで行
いましょう。プロパティで変更
した尺度は表題欄にも反映され
ます。

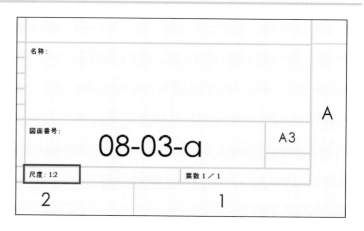

Chapter 8 MOBILE FAN の図面を作成する

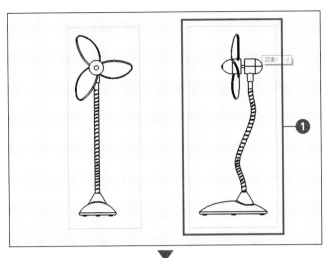

1 ビューを選択する

[図面ビュー2]をクリックします**❶**。

ⓘ **Check**

> 右投影ビューです。

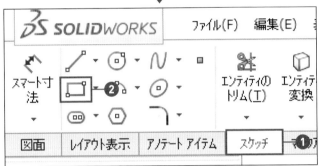

2 矩形コーナーを実行する

[スケッチ]タブをクリックし**❶**、[矩形コーナー]をクリックします**❷**。

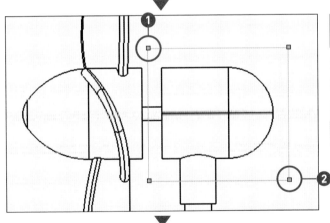

3 長方形を作成する

[1点目]付近をクリックし**❶**、[2点目]付近をクリックします**❷**。

ⓘ **Check**

> Esc キーは押さないでください。

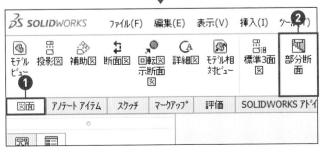

4 部分断面を実行する

[図面]タブをクリックし**❶**、[部分断面]をクリックします**❷**。

5 タブを切り替える

[FeatureManager デザインツリー] をク
リックします❶。

6 構成部品を選択する

図面ビュー2の [▶] をクリックします❶。
MOBILE FAN ASSYの [▶] をクリックし
❷、[MOTOR]をクリックします❸。[OK]
をクリックします❹。

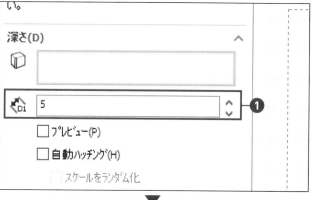

7 深さを入力する

「深さ / 厚み」を次のとおりに入力します
❶。

深さ / 厚み	5

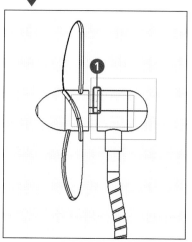

8 エッジを選択する

[エッジ]をクリックし❶、[OK]をクリッ
クします❷。

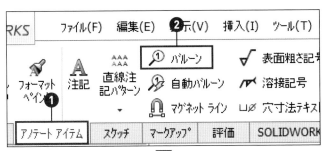

1 バルーンを実行する

[アノテートアイテム]タブをクリックし
❶、[バルーン]をクリックします❷。

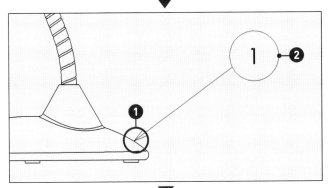

2 バルーンを配置する

[エッジ]をクリックし❶、[2点目]付近を
クリックします❷。

ⓘ Check

> 同様にして、他の構成部品にもバルーンを追
> 加しましょう。

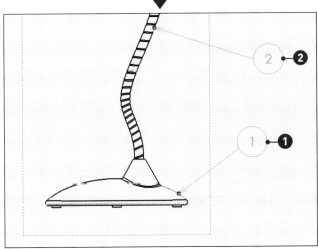

3 バルーンを選択する

Ctrl キーを押しながら、[バルーン]をク
リックし❶、[バルーン]をクリックします
❷。

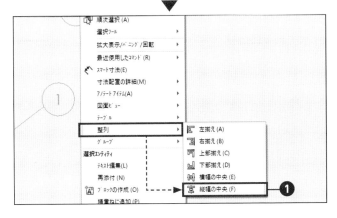

4 位置を揃える

右クリックして、[整列]→[縦幅の中央]を
クリックします❶。

👉 Point

> 後に選択したバルーンに揃います。

Chapter

8

MOBILE FAN の図面を作成する

STEP 5 部品表を挿入する

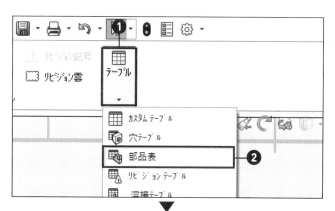

1 部品表を実行する

［テーブル］をクリックし❶、［部品表］をクリックします❷。

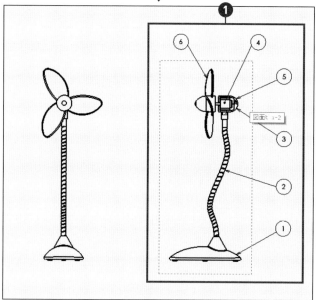

2 ビューを選択する

［図面ビュー2］をクリックします❶。

☞ Point

図面ビュー1をクリックしても構いません。

3 確定する

［OK］をクリックします❶。

4 配置する

図面の右上をクリックして配置します❶。

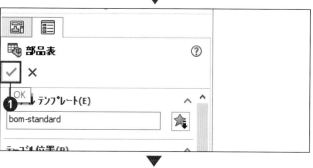

部品番号	部品名	注記	個数
1	BASE		1
2	ARM		1
3	BOTTOM COVER		1
4	MOTOR		1
5	TOP COVER		1
6	FAN		1

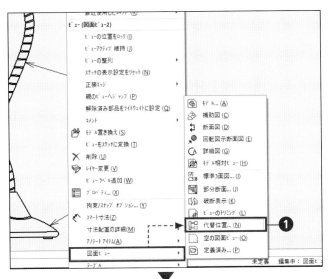

1 代替位置を実行する

ベースビューで右クリックし、[図面ビュー]
→[代替位置]をクリックします❶。

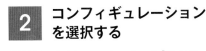

2 コンフィギュレーションを選択する

[既存のコンフィギュレーション]をクリックし❶、[上向き]をクリックします❷。

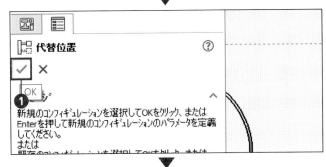

3 代替位置を終了する

[OK]をクリックします❶。

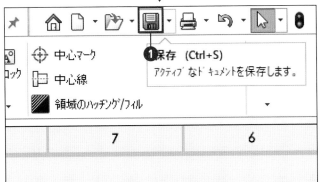

4 上書き保存する

[保存]をクリックします❶。

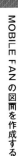

▦ MEMO バルーンについて

● バルーンの矢印

バルーンを作成する際、部品のエッジに追加する場合と面に追加する場合では、矢印の形を変えなければなりません。これは「JIS 機械製図」で定められており、SOLIDWROKS では自動的に切り替わります。

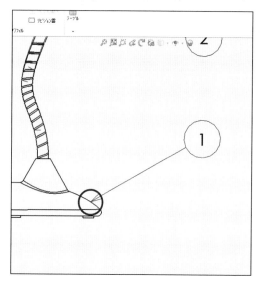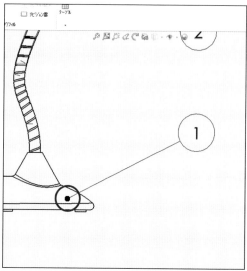

● バルーンと部品表

バルーンの番号は、アセンブリに配置した順番に部品に割り当てられます。バルーンは部品表と連動しているため、位置を変更して別の部品にアタッチすると番号が変わってしまうので注意しましょう。下図は、バルーン 4 番をドラッグして他の部品に触れた場合の例です。

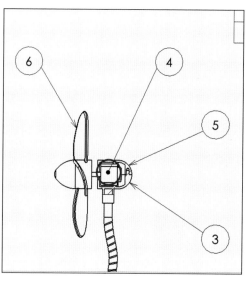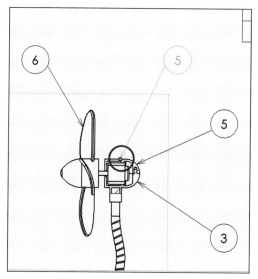

付録

● パーツに色を付ける

パーツは材料を割り当てると設定された色に着色されますが、それ以外に自由に着色することができます。次の手順で行ってください。

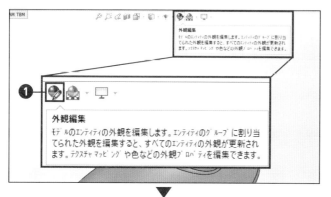

❶[外観編集]をクリックします❶。

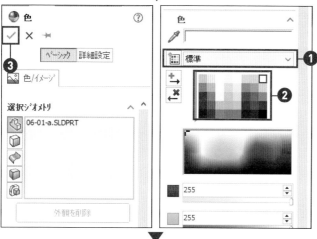

❷標準に切り替え❶、色を選択し❷、[OK]をクリックします❸。

❸[表示設定]をクリックし❶、[RealView Graphics]をクリックします❷。

❹着色されました。

材料の割り当てと質量特性

SOLIDWORKSは材料物性データを有しており、パーツに割り当てると質量や重心を確認することができます。また、あらかじめ設定された材料色が着色されます。

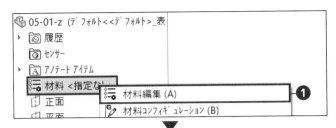

❶ [材料]で右クリックし、[材料編集]をクリックします❶。

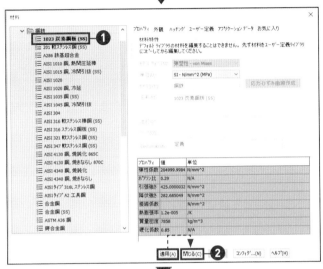

❷ [1023炭素鋼板 (ss)]をクリックします❶。[適用]→[閉じる]の順にクリックします❷。

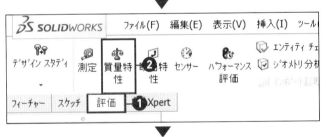

❸ [評価]タブをクリックし❶、[質量特性]をクリックします❷。

❹ 質量や重心が確認できます。

● リンク関係がある部品のファイル名を変更する

アセンブリファイルは、部品を挿入して作成します。図面は部品やアセンブリモデルを挿入して作成します。部品やアセンブリモデルには、「リンク」という関係が生じます。Windowsのエクスプローラーで SOLIDWORKS のファイル名を変更する場合は、次の手順で行うとリンク関係が維持されます。

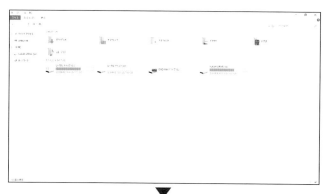

❶ Windows Explorer を開きます。

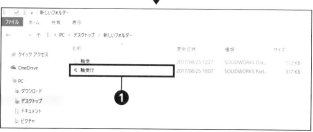

❷ 変更する部品ファイルを選択します❶。

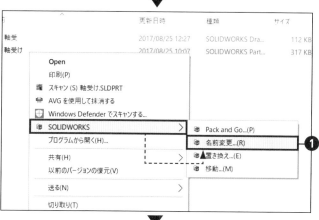

❸ 右クリックして「SOLIDWORKS」→「名前変更」をクリックします❶。

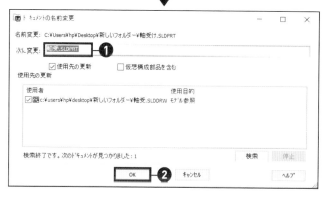

❹ ファイル名を変更して❶、[OK] をクリックします❷。

① Check

SOLIDWORKS の「名前変更」は、アセンブリや図面ファイルとリンク関係にある場合に使用します。リンク関係の無い部品は、Windows Explorer で変更しても差し支えありません。

付録

● 3Dプリンター用のデータに変換する

作成したパーツやアセンブリを3Dプリンターで出力するためのデータ変換の方法について説明します。ここでは、一般的に行われている「STL」への変換を行います。

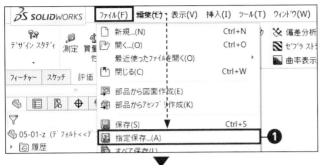

❶[ファイル]→[指定保存]をクリックします❶。

❷ファイルの種類から[STL]を選択します❶。

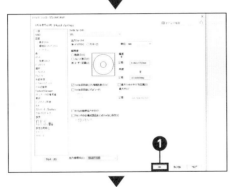

❸[オプション]をクリックします。パーツの場合は内容を確認後[OK]をクリックし、[保存]→[はい]を クリックします❶。

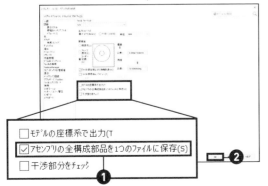

❹アセンブリの場合は、[アセンブリの全構成部品を1つのファイルに保存]をクリックします❶。内容を確認後[OK]をクリックし、[保存]→[はい]をクリックします❷。

⚠ Check

偏差の値を小さくすると、部品全体の精度がより正確なファイルが生成されます。
角度の値を小さくすると、詳細部分の表示はより正確になりますが、モデルの再構築に必要な時間が増えます。

● SOLIDWORKSの下位バージョンでファイルを読み込む

SOLIDWORKSではバージョン間の相互の互換がありません。これは3次元CAD全体でもいえることです。下位バージョンで作成したデータは上位バージョンのソフトウェアで開いたり編集したりすることができますが、逆の場合はできません。上位バージョンで作成したデータを下位バージョンのソフトウェアで開いたり、編集したりするには一度標準フォーマットに変換します。ここではその一例を紹介します。

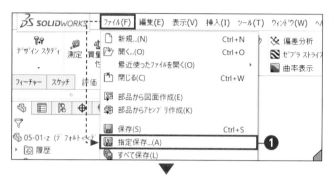

❶[ファイル]→[指定保存]をクリックします❶。

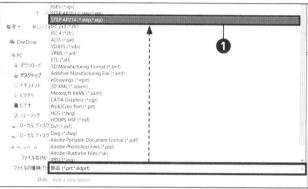

❷ファイルの種類から[STEP AP214]を選択します❶。

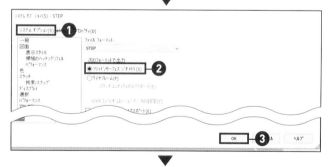

❸[オプション]をクリックし❶、[ソリッド/サーフェスジオメトリ]をクリックし❷、[OK]→[保存]をクリックします❸。

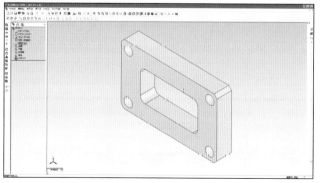

❹下位バージョンのソフトウェアで開きます。

ⓘ Check

標準フォーマットに変換するとそれまでの作成履歴（スケッチやフィーチャー）は消滅し、形状のみ確認することができます。標準フォーマットは、他にIGES、Parasolid、ACISなどがあります。

索引